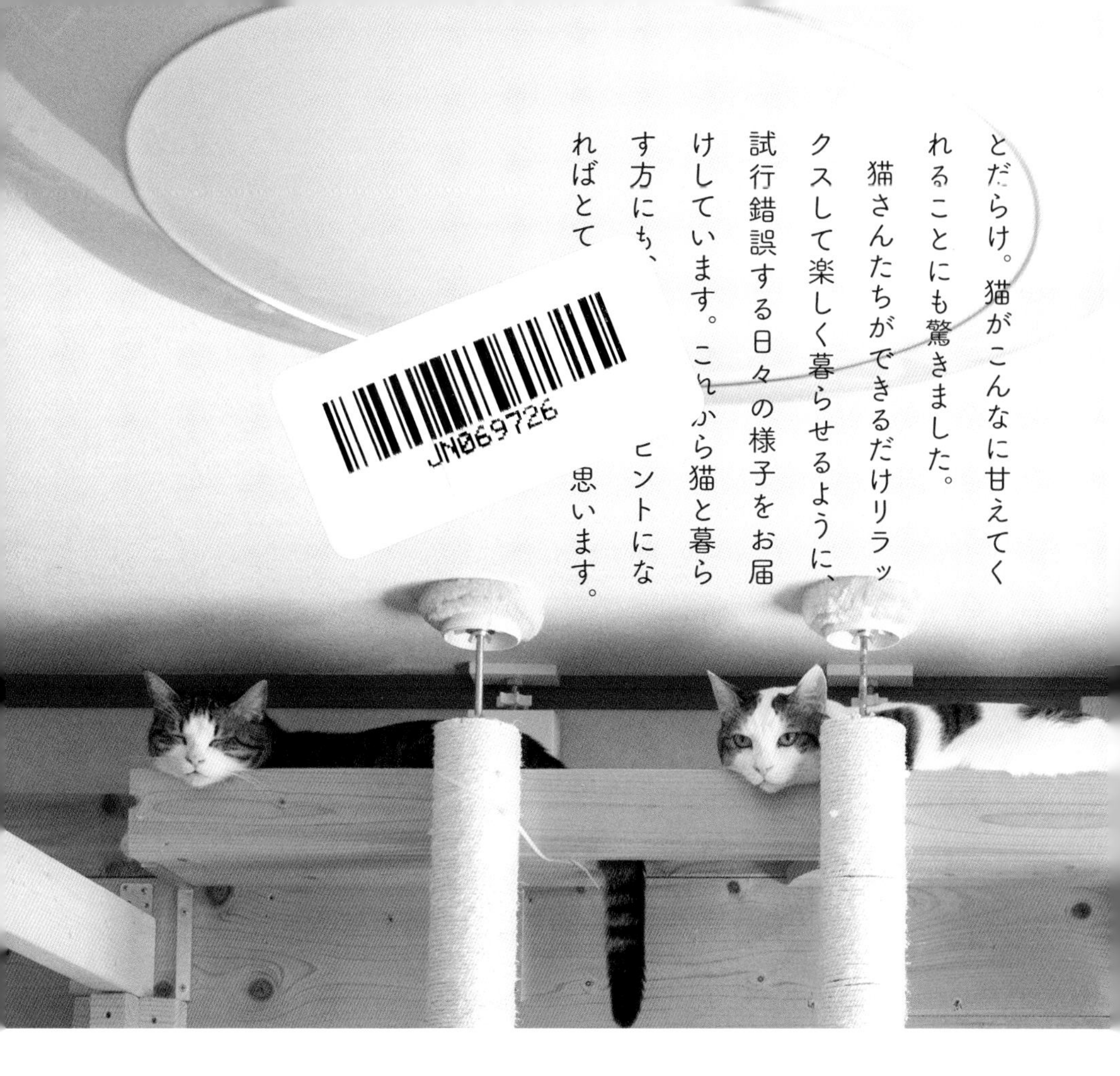

とだらけ。猫がこんなに甘えてくれることにも驚きました。
猫さんたちができるだけリラックスして楽しく暮らせるように、試行錯誤する日々の様子をお届けしています。これから猫と暮らす方にも、[illegible]ヒントになればとて[illegible]思います。

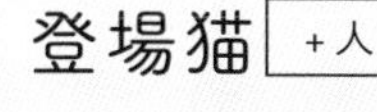

登場猫 +人 紹介

ひのき

♀ / MIX / 2017.4.7生 / 5.3kg

息子のことが大好き。ワイワイガヤガヤは苦手。ふだんはツンとしているが甘えるときは超甘えるツンデレ猫。秀吉にはよくシャーと怒る。子猫が大好き

ひまわり

♀ / MIX / 2017.9.下旬生（推定）/ 4.5kg

秀吉と仲の良い夫婦で、みんなを毛づくろいするお世話好き。身体能力が一番高く、お手玉を遠くに投げられる器用さを持つ

秀吉

♂ / マンチカン / 2017.9.1生 / 4.2kg

温厚でやさしいが、箱に入ると性格が一変して凶暴に。一番無邪気に遊ぶ。トイレに行ったあとごはんをカキカキする。なぜかひのきにめっちゃ怒られる

豆大福

♂ / MIX / 2018.10.30生 / 5.7kg

鳴けばなんとかなると本気で思っている。好き嫌いなく、食べられるものは全部食べる。たまにオデコの真似をして背中に飛び乗ってくるが、慣れていないので痛い。お父さんに「なでろ」といつも要求している

オデコ

♀ / MIX / 2018.10.30生 / 4.6kg

超甘えん坊。すぐに抱っこをしてとお願い。隙を見せると背中に飛び乗ってくる。ブラッシングが大好物。掃除、ドライヤーが平気

※体重は2023年夏測定のものです

猫と暮らす魅力
癒やされる
ベッドが猫でうれしい渋滞

猫と暮らす

動物系YouTuberが教える猫の飼い方・過ごし方

ひのき猫 監修

マイナビ

はじめに

こんにちは。ひのき家のお母さんです。2017年4月、手乗りサイズの子猫が我が家にやってきました。500色の色鉛筆のなかで、一番近かった色が「檜の湯桶」という色だったので、「ひのき」と名付け、成長記録としてYouTube配信を始めました。現在はひのき、ひまわり、秀吉、豆大福、オデコ、お父さん、お母さん、息子、娘の5匹と4人の家族です。

ひのきが家に来るまで、お父さん以外は猫と暮らしたことがなかったので、はじめはわからないこ

お母さん

おやつ、ごはんの準備担当。みんなに好かれているが、特にひまわりに好かれている。鼻炎で鼻がズルズル

お父さん

散歩担当。時々ひのきに膝の上に乗られて甘えられる。日曜大工で猫部屋を作れると豪語している。猫に背中に乗られたい

息子

絵とボイパにハマっている。ひのきに嫌がらせをするけど、実は大好き。無類の猫好き。猫を簡単に転がすことができる転がし屋

娘

ひのきが子猫のときは怖がって泣いていたが、今は猫好き。息子の技術を真似して転がし屋になる。ピアノの練習中にオデコにじゃまされても怒らない。すみっコぐらしが好き

面白い
猫は液体
PUMA

個性的
足長と短足
女王様とお世話好き
CIAO
ちゅ～る

乗られる
家族になれる
HINOKI

INDEX

猫暮らしの基本

心得1 猫は癒やしの塊

心得3 猫のイタズラに反省なし

心得4 猫の「好き」を集めよ

心得2　猫のスクスクを見守る

心得5　猫の日常観察

心得6 猫のお世話を楽しむ

心得7 猫は不思議の塊

教えて！ 獣医さん

教えて！ ペットシッターさん

↓動画をCheck!

YouTube：「ひのき猫」

QRコードから関連YouTube動画が見られます

『猫と暮らす本編集部』によるコメントです

猫と出会うのは

猫と暮らすのは、家族になること。まずは、
どんなふうに猫と暮らすのか、しっかりイメージして

猫はどこからお迎えする？

知人・地域

知人から譲り受ける方法の他、地方自治体で里親募集情報を調べたり、動物愛護センターで譲渡してもらうことができます

ペットショップ・ブリーダー

特定の猫種にこだわりがある場合は、ペットショップやブリーダー、キャッテリーで猫を探すのが一般的です

保護団体

アプリやWebサイトの他、譲渡会や保護猫シェルター、保護猫カフェで家族を探している猫たちに会うことができます

動物病院

猫の里親を募集している動物病院も多いです。健康状態の確認や、その後の飼育相談がスムーズにできる点も魅力

『猫と暮らす本』編集部

どんな猫と暮らす？

年齢・月齢 —— 子猫を迎えるなら、生後8週以降に。それより幼い子猫を保護した場合、母猫の代わりに哺乳瓶でミルクをあげたり、排泄のケアをしたりすることが必要になります。一方、大人猫をお迎えする場合は、すでに性格がわかっていることや落ち着きがあるといったメリットがあります

費用・審査 —— 初期費用として、ペットショップなどでは購入代金を支払います。譲渡会などで譲り受ける場合も、保護されている間のワクチン費用などを譲渡費として支払うことが多いです。また、適切に飼育できるかなどの審査もあります

タイプ —— 純血種の場合、その猫種によってかかりやすい病気があるのでチェックしておきましょう。一般的に雑種(MIX)のほうが丈夫だといわれています。性格はその猫によって甘えん坊、いたずら好きなど様々です

ひまわりは元保護猫

地域や保護団体が開催する保護猫譲渡会などで面会する手も

環境の準備

安全に飼育できるお部屋と、
お世話をする人手と時間・費用が必要です

必要な環境は？

お部屋

猫が快適に過ごせる空間が必要です。陽の当たる場所や静かに過ごせる場所があり、縦の移動もできるように

お世話をする人手と時間

毎日のごはん、トイレ掃除などのお世話が必要です。同居家族の猫アレルギーなども調べておきましょう

費用

ごはんやおやつ、トイレ用猫砂代の他、避妊・去勢手術代や定期的なワクチン接種にも費用がかかります

1匹で？　多頭飼い？

猫同士で遊んで運動不足を解消できるなどのメリットもある多頭飼い。
猫団子状態で寝ている姿はかわいらしいですが、必ずしも仲良くなるとは限りません。
また、ごはんのお皿やトイレも頭数に合わせて増やす必要があります

猫と暮らしたことがなければ、猫カフェで実際に猫たちと過ごしてみて

ひとりになれる場所も必要

窓の近くに外を眺められるスペースも用意してあげましょう

猫の生活

家猫として暮らす猫は
案外規則正しく生活しています

猫は家で何をして過ごす？

寝る

朝は早く起きるものの、1日中寝ているように見える猫。深い眠りではなく、浅い眠りをくり返しています。眠っているときは静かにしてあげましょう

食べる

ごはんは1日２～3回。場所を決めて同じ場所で与え、おやつはほどほどに。人間の食べ物は猫に有害だったり味が濃すぎたりするので猫には与えません

排泄

静かな場所に清潔なトイレを用意すれば、多くの猫は使ってくれます。トイレ以外の場所で排泄しようとする場合は、体の調子が悪いサインであることも

遊ぶ＆運動

猫は遊びが好きですし、遊ぶことで運動不足も解消できます。猫じゃらし系が定番ですが、リラックスしていないとき、気分ではないときは遊びません

毛づくろい

猫はきれい好きでよく毛づくろいをし、ヘアボールとして吐き出すことも。まめにブラッシングをすることで、毛を飲み込む量を減らしてあげましょう

コミュニケーション

全身でコミュニケーションをとる猫。顔、声はもちろんしっぽまで表現豊かです。猫がストレスを感じていないかなど、毎日表情の変化を確認して

ゴロゴロしているけど実は起きているときも？

猫は好奇心が旺盛なので、コードなど危険なものにはカバーを

猫のお世話

まず必要なのは食事とトイレ。その他にブラッシングや
爪切り、定期的なワクチン接種も

お迎え前に準備

トイレ

シンプルな箱型の他、専用の猫砂を使うシステムトイレ、全自動トイレなどがあります。子猫の時期には入り口が浅く入りやすいものを

キャリーバッグ

猫をお迎えするとき、病院にワクチン接種に行くときなどに必要なキャリーバッグ。移動中に開いてしまわないようしっかり確認しましょう

フード・食器

ごはんのお皿と水飲み容器、お迎え前に食べていたのと同じごはん(ドライフード・ウェットフード)、おやつを用意しておきます

ふだんのケアに

爪切り・爪とぎ

猫は爪のお手入れの他、気分転換のためにも爪とぎをします。爪とぎは定期的に新しく用意。爪が長く伸びていたら猫用爪切りでケアします

ブラシ

猫用ブラシには様々な種類があります。コミュニケーションもかねて、特に長毛種は毎日ブラッシングを。毛並みに沿ってやさしく行います

歯みがきグッズ

口を触られることを嫌がる猫も多いので、できるだけ子猫のうちから慣れてもらいます。ウェットフード派の猫は特にまめなケアが必要

子猫の時期が
過ぎたら
避妊・去勢手術を
病院と
相談しましょう

高さがあると食べやすい

水飲み場は
ごはんのお皿と
離れたところに
用意します

もしものために

地震などの災害時に備えて、猫との避難場所や
避難グッズも準備しておきましょう

確認リスト

□キャリーバッグ	避難場所で使える折りたたみケージタイプも
□フードと水、おやつ	いつものごはんを買い置きしてローリングストックに
□常備薬	療法食を食べている場合はそれも
□猫の写真	写真はプリントしておき、名前や特徴、連絡先を記載
□飼い主の連絡先	飼い主と飼い主以外の緊急連絡先、かかりつけ医なども
□首輪	首輪には名前を記入するか、迷子札を付ける
□リード	伸びないものを
□トイレ	ポータブルトイレと猫砂(使った猫砂も少し)
□タオル	家のニオイがついていて、猫をくるめるもの
□マイクロチップ	マイクロチップを装着している場合、識別番号をメモ

その他、ペット保険に入っているのであればその情報、いつも使っているおもちゃ、洗濯ネットなども

パーソナルスペースは段ボールでも

困ったときのため、
猫友を作って
情報交換
しておくと◎

猫は癒やしの塊

寝ていると思っていたのにいつの間にかそばにいたり、廊下に落ちていたり……。いつもうれしい驚きを与えてくれる猫。猫と暮らすことは、癒やしの塊と暮らすことです。

01 猫はいつも落ちています

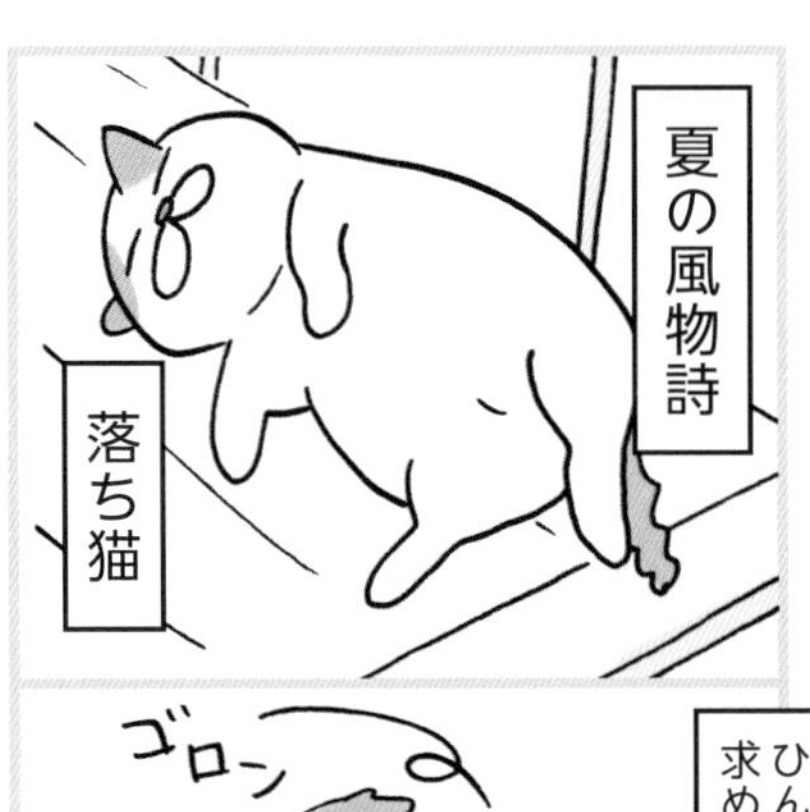

我が家の猫さんたちは、ところどころで落ちています。暑くなると特に、ひんやりした感じが気持ちいいのかあちこちで落ちているんですが、そのなかでもお気に入りの場所があるみたいです。豆大福がよく落ちているのは、階段を上がったところ。でで～んと落ちている豆大福を見ると、いつも笑っちゃいます。

そんな豆大福が、トコトコ～と上がってきてゴロンとするところを見てみたいと思ったのですが、これがなかなか……。でも、名前を呼

無防備…

階段の上でよく落ちている豆大福

階段を封鎖するオデコ＆豆大福

んだときゴロンとするのと同じように、ひとりのときもドスンと落ちているんだと思います。オデコとか秀吉も落ちやすくてかわいいんですが、落ちる瞬間は、重量級の豆大福がやっぱり一番笑えます。

ヨギボーにもたれるようにくつろぐ秀吉♡

←動画をCheck!

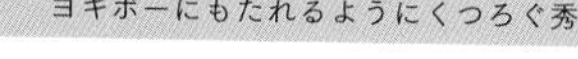

重量級の猫さんだとバタン！にも迫力があります

猫マメ知識……『吾輩は猫である』（夏目漱石著）の主人公の猫の毛色は「淡灰色」の「斑入り」。モデルは黒猫といわれている

猫は癒やしの塊

02 猫にじっと見つめられたい！

みんな平等にかわいがっているつもりですが、基本お母さんは、来る者拒まず、去る者追わずをモットーにしています。なぜなら、猫さんは気分屋さんの生き物だから。なので、甘え上手な秀吉をなでる回数は必然的に多くなります。秀吉は甘えたくなると、まず遠くからでもジーっと見つめてきます。秀吉は誰にでも甘えるので、そのときロックオンした人に何か言いながら近寄ってきます。「わぅー、グルルル○△#◇@」とつぶやくような声で、これが

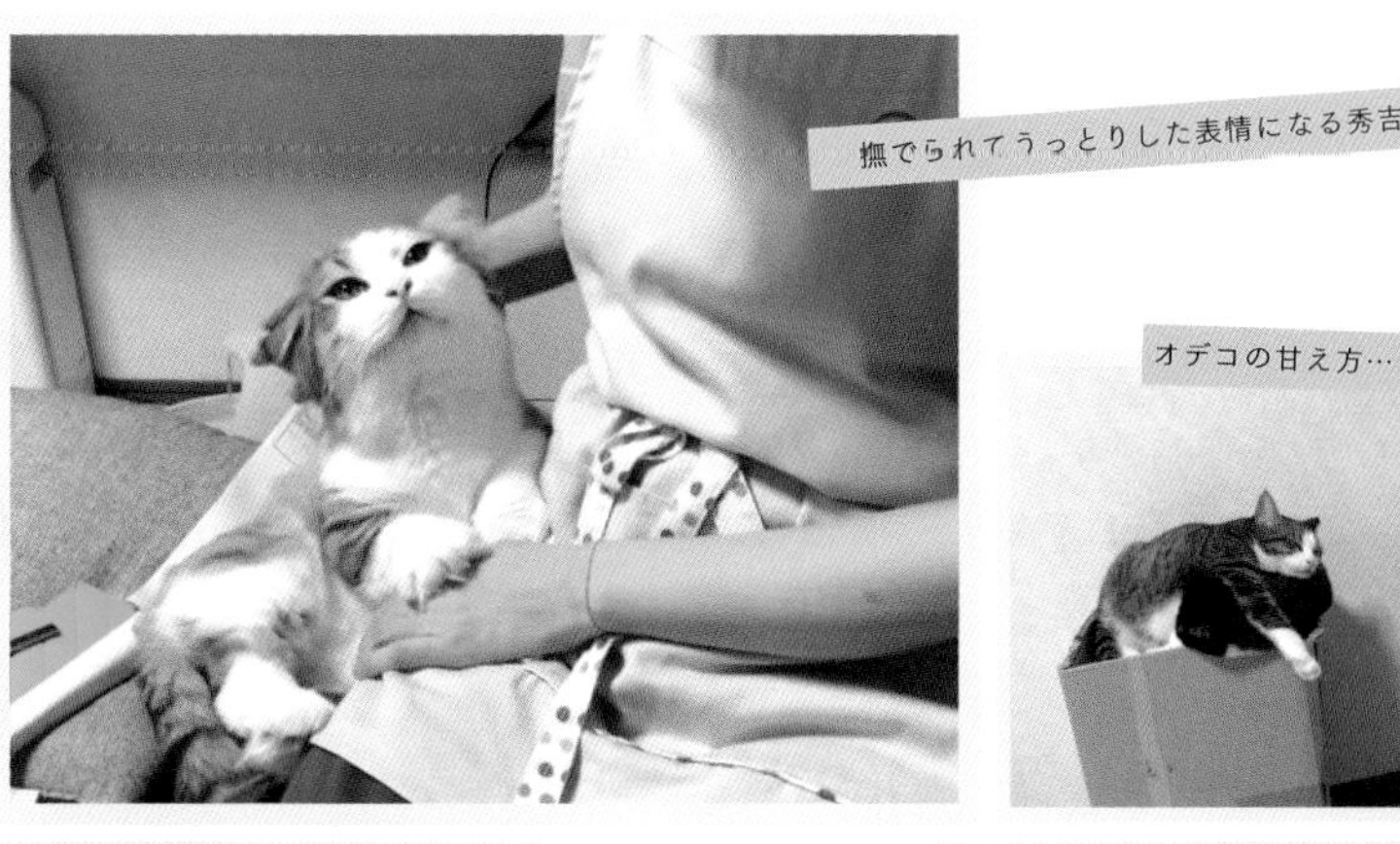
撫でられてうっとりした表情になる秀吉

オデコの甘え方…？

背中が好きなオデコ

ひのきのおねだり

またかわいいんですよ。

秀吉が一体、何を思って見つめてくれているのかわかりませんが、こんなにまで見つめられると、正直照れます。そして、なで方を気に入ってもらえると、長いこと滞在してくれます。このときの、エアーふみふみがまたかわいい！　短くて、ちょっと太めな足が、反則だなと思います（笑）。毛並みが柔らかくて、触り心地も、気持ちいいんですよ♪

そして、秀吉が満足するまでなでてあげたら終了です。

←動画をCheck!

猫マメ知識……猫の腎臓病や人の認知症などへの治療効果が期待されるタンパク質「AIM」の研究が進んでいる

飼い主をじっと見つめてくる猫。うれしいけれど、まずは「ごはんが欲しい」「遊んで！」などの要求がないかを考えてみて。目を細めてゴロゴロ言いながら見つめてくるなら、好意を持ってくれているサイン。こちらもやさしく見つめ返し、甘えたい様子なら甘えさせてあげましょう。かまいすぎたり無理に抱っこしたりせず待ちの姿勢を守り、猫に見つめられましょう！

猫は癒やしの塊

03 人の膝は猫様のもの

お母さんの膝の上を独占するオデコ

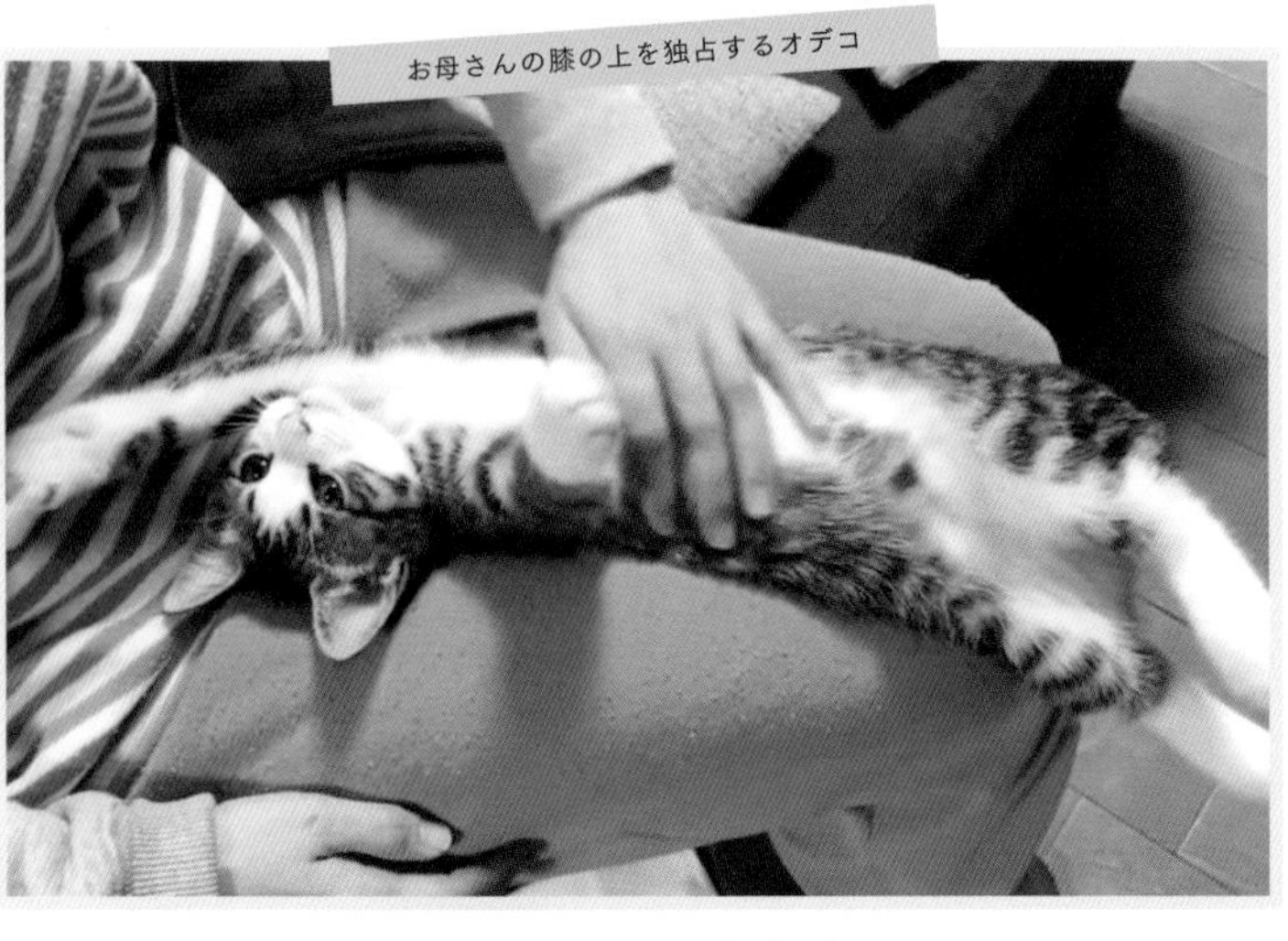

←動画をCheck!

猫が膝に乗ってきたらもうだめです。かわいくて何もできません。足がしびれてもじっと我慢です。豆大福とオデコは「おいで」って呼ぶと来てくれる率が高いです。膝の上にピョンと乗ってくれることも。お父さんと息子が「おいでおいで」と呼んだときは、豆大福もその要望に応えるように間をウロウロ。なかなか人たらしな豆大福です。

女王様ひのきは、お父さんのお風呂上がりを狙って膝の上で甘えるのが日課。でも、他の猫にじゃまされるとご機嫌ななめに。そんなツンとしたところもあるひのきなので、膝に乗ってデレデレしてくれるのは貴重な時間です。

膝に乗らない猫もいます。すべては猫様の気持ち次第……

猫マメ知識……猫の脳と人の脳は似ており、猫も自律神経失調症にかかることがある

← 動画をCheck!

お父さんのお腹の上でくつろぐ豆大福

この座り方は秀吉スタイル

娘の膝の上に乗るひのき

膝の上が子猫で溢れかえるお父さん

猫は癒やしの塊

04 不満げでも猫はかわいい

「にゃんぼー」というおやつがありまして。そのにぼし味が、オトナ女子のお気に召さなかったようです。

ひのきはくんくんニオイを嗅いでいたので気になるのかと思いきや、食べずにどこかへ行ってしまいました。ひまわりは、数日前に食べた別の味のにゃんぼーがおいしかったことを覚えていたのか、にぼし味にも挑戦。そして「え？　え？　こんなんやった？」と戸惑いの表情となり、ツンツンを開始。

にぼし味を試したひまわりは……

一方、秀吉・豆大福・オデコにはにぼし味は大人気。おやつといえどもなんでもいいわけではなく、好みが割れる我が家の猫たち。でも、気に入らなかったときも、それはそれで面白かわいくなってしまう猫たちなのでした。

秀吉・オデコ・豆大福トリオには好評

←動画をCheck!

猫は気に入らないとき忖度しません！

猫マメ知識……猫の近くにキュウリを置くと飛び上がって驚くのは、蛇に似ている長くて細い物に対して恐怖心を感じるためといわれている

猫は癒やしの塊

05 窮屈？楽しい？猫渋滞ベッド

娘ちゃんのベッドの

ど真ん中に

でーん

いったんどこかへ行き

また来た

寝られへん…

次の晩

増えました…

猫たちの寝る場所の人気には、周期みたいなものがあります。息子のベッドが異様に人気だったり娘のベッドに集まっていたり、冷蔵庫の上やこたつの中、カーペットの上などマイブームがぐるぐる回っています。

秀吉は昼夜問わず子ども部屋に入りびたりで、2段ベッドを行ったり来たり。オデコも一緒にど真ん中で寝るので、人の寝るスペースがない……。でも、狭いベッドで猫と仲良く寝るのは子どもも猫も楽しいみたいです。

動画をCheck!→

2段ベッドをたまり場にする猫

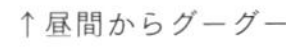

↑昼間からグーグー

布団に入らない派の猫もいますが、特に冬、猫と一緒に寝るのは格別……

猫は癒やしの塊

06 猫は自分の名前をわかっている？

ふだん何気なく呼んでいる名前ですが、どうも自分たちの名前をそれぞれ理解してくれているようです。目の前にいなくても、名前を呼んだら来てくれるかと実験してみたところ、みんな来てくれました（ひまわりだけは近くにいたので実験できず）。一番にぎやかにやってきたのはオデコです。オデコはいつも、呼ぶと100％に近い確率でニャウニャウニャウ〜って何か言いながら来てくれます。オデコはよく瞑想中（笑）の表情になるのですが、そのときも名前を呼ぶとかわいく返事をしてくれます。何を言っているかはわからなくても、癒やされることは、紛れもない事実なのでした。

呼ばれても無視する猫さんも、名前はわかっているそうです

猫マメ知識……猫の汗腺は肉球と鼻にしか存在していないため、肉球と鼻以外は汗をかかない

←動画をCheck!

猫は
癒やしの塊

07 モフモフはお互いの癒やし

不思議ちゃんのひまわり。ルンバが動いているとき、洗濯機が回っているとき、ドライヤーをかけているとき、電子レンジでチンしているとき……。なぜか家電の活動中、ひまわりの甘えん坊タイムが訪れることが多いです。

お腹を出してモフられ待ちをしているので、遠慮なくさわさわモフモフ。ひまわりは、下っ腹をなでられるのが好きなんです。そして少し上、左の写真のようにモノレールしていたとき「桃や〜」と言って触らせてもらっていた部

動画をCheck!→

猫マメ知識……猫の身体が柔らかい理由は、人間よりも身体の骨が多いから。人間の骨は約200本、猫は約240本

お腹を出してモフられ待ち

分をさわさわしたら、フリーズしちゃいました。ブラッシングをしても、フリーズしたまま。急に電源OFFになるひまわりがかわいいです。お母さんがモフモフして気持ちいいな～と思ってる分、ひまわりも「極楽や～」と思ってくれてたらいいな～と思う今日この頃です。

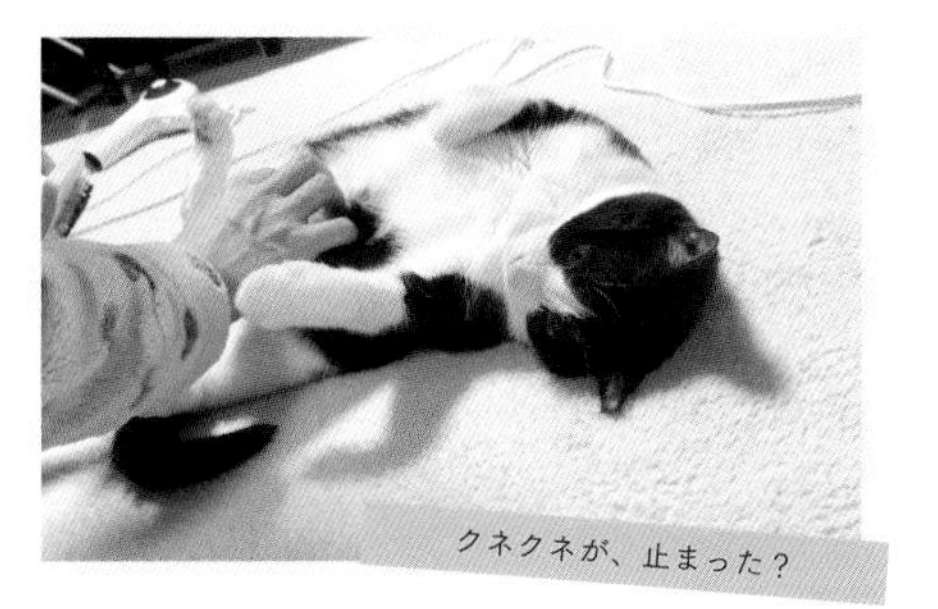
クネクネが、止まった？

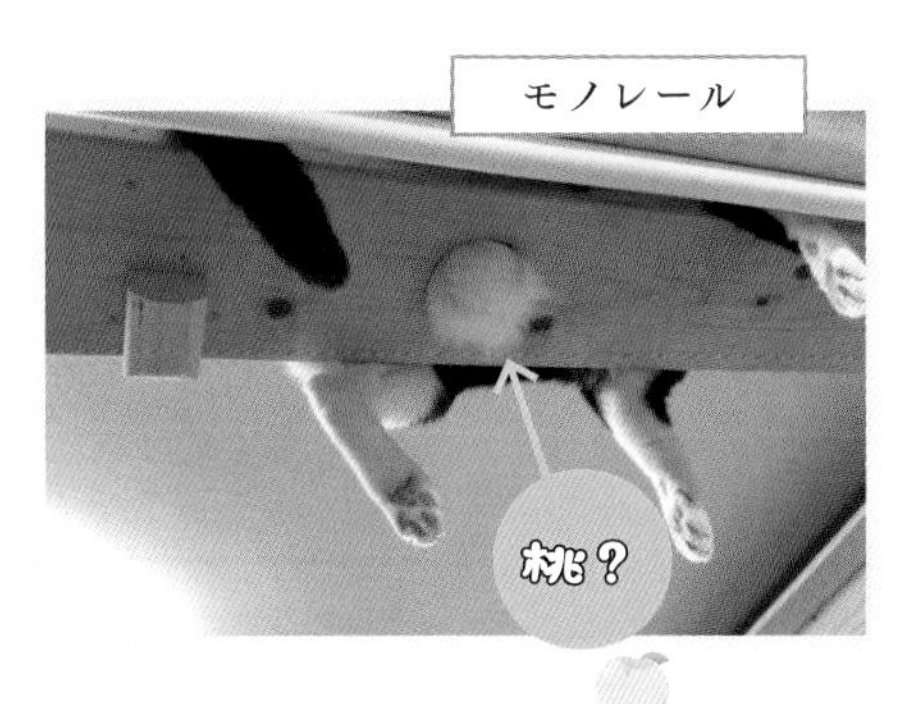

モノレール

柔らかいお腹を触ると猫が怒ってしまうことも。急には触らず、やさしく声をかけて

猫は癒やしの塊

08 段ボールがあるだけで癒やされる

段ボールが大好きな猫たちですが、箱に穴を開けておくだけでかわいいことをやってくれるオデコ、ひまわり、豆大福に癒やされます。オデコは箱の中に入っているときも、呼ぶとかわいく返事をしてくれます。豆大福はしてくれませんが、それも豆大福のかわいさで。基本みんなお肉がついているのでお尻が出にくいみたいで、がんばる豆大福、オデコとひまわりがお尻をプリプリプリ～ッとしながら出てくるのもかわいかったです。

動画をCheck!→

猫マメ知識……豊臣秀吉の愛猫がいなくなった際、浅野長吉（長政）が他の人に猫の借用を申し入れた書状が残っている

毛布をかけて簡易こたつや隠れ場所など、段ボールは様々な猫グッズに活用できます

HINOKI
ひのき

息子のことが大好きな
ツンデレ猫

HIMAWARI
ひまわり

みんなのお世話が
大好きな
お母さん猫

教えて！
獣医さん

猫の健康ケアで気になることを聞きました。

＼教えていただいたのは／

Tokyo Cat Specialists 院長
山本宗伸先生

日本大学獣医学科外科学研究室卒。授乳期の子猫を保護したことがきっかけで猫に魅了され、獣医学の道に進む。都内猫専門病院で副院長を務めた後、ニューヨークの猫専門病院で研修を積む。国際猫医学会ISFM、日本猫医学会JSFM所属。

質問1

猫を飼いはじめたら必ず病院へ行くべき？

まずは病院へ！

行くべきだと思います。保護元やペットショップで検診を受けていても、病気が隠れている可能性があるからです。検査精度には限界があるので、たとえペットショップで便検査に異常が見つからなくても、病院で再検査すると寄生虫が見つかることは珍しくありません。保護猫や拾った猫であればなおさらです。

また猫の予防接種として、寄生虫予防とワクチンがあります。ワクチンは接種していないと「猫風邪」と呼ばれる猫ヘルペスウィルスや、命に関わる危険性のある猫パルボウィルスに感染するリスクがあるので、室内飼育でも接種が推奨されています。寄生虫予防は基本的には外へ出る猫に行いますが、蚊が媒介するフィラリア症などは室内飼いでも感染するリスクがあります。

Tokyo Cat Specialists

住所：東京都港区三田4-17-26
電話：03-6435-4595
診療時間：10:00〜19:00（無休）
https://tokyocatspecialists.jp/

質問2

オス猫とメス猫で気をつけたい病気はちがう？

避妊・去勢手術で未然に防げる病気も

オスの場合、特別に多い病気というのはありません。しいて言うならば肥満になりやすく、糖尿病などの病気はオスの発生率が高いです。また外出する猫の場合は、血気盛んなため、怪我と感染症にかかりやすい傾向があります。

メスで気をつけなくてはいけない病気は「乳がん」と「子宮蓄膿症」です。特に乳がんは悪性度が高く、一度なってしまうと手術をしても再発率が高く、命に関わることもあります。この2つは早期に避妊手術を行っていれば防げる病気なので、1回目の発情が来る前（生後6カ月以内）に、避妊手術を受けましょう。

教えて！
獣医さん

質問3

マイクロチップは絶対に必要？

教えていただいたのは

Tokyo Cat Specialists 院長
山本宗伸先生

万が一のときのために

絶対ではないですが私は装着を推奨しています し、2022年から、販売される犬猫は装着が義務化されました。なぜなら基本的に猫の個体識別は飼い主さん以外には難しいからです。例えば茶トラの猫が10匹いたら、飼い主さんは顔つきや特徴で見分けられますが、保護された場合、他人が見分けるのは難しいでしょう。天災や事故などで猫が脱走してしまった場合、マイクロチップが入っていることで、再会できる可能性が高まります。

飼い主さんが心配されるのは、体への影響だと思いますが、影響は最小限だとされています。しいていえば、MRI検査を実施する際に画像への影響が懸念されています。その場合は、MRI検査前にマイクロチップを切除して対応します。

質問4

猫はお風呂に入れなくてよいと聞きました。本当ですか？

基本的には入れなくてOK

大多数の猫は、お風呂に入れなくても大丈夫です。なぜなら自然界の猫は、水浴びをする慣習がないからです。猫はきれい好きな動物なので、自分でグルーミングを行い、被毛を清潔に保ちます。

一方、自分で被毛を清潔に保てない猫の場合、例えば肥満になりすぎてお尻周りを舐められない、長毛種でグルーミングが追いつかない、歯肉炎などで口に痛みがありグルーミングができないなどの場合は、お風呂に入れてもよいでしょう。

基本的には猫は水を嫌いますが、まれにお風呂が好きな猫もいます。その場合は水遊びとしてお風呂に入れてあげることは問題ありません。

教えて！獣医さん

質問5

猫にノミが！どうしたら撲滅できますか？

＼ 教えていただいたのは ／

Tokyo Cat Specialists 院長
山本宗伸先生

スポットタイプがおすすめ

現在、主に使われるノミ薬には内服薬と、背中につけるスポットタイプがあります。どちらも有効ですが、私は投与しやすく効果が持続するスポットタイプを推奨しています。ノミ取り首輪は健康被害が報告されており、ほとんど使用されなくなりました。また薬用シャンプーやスプレータイプの薬もあり、重度感染の場合は即効性がありま す。猫の性格に応じて検討しましょう。

薬以外で大事なのはノミの駆除です。ノミは熱湯で死滅するため、猫がいた部屋のタオルなど布製のものはお湯につけて消毒し、床は掃除機を定期的にかけましょう。

また、新たにノミが家に入らないようにするためにも猫を外に出さない、外で動物に触ったら手を洗うなど、基本的な対策を徹底しましょう。

◀P56に続きます

心得2

猫のスクスクを見守る

猫を育てるうえで、特に忙しいのが子猫の時期。ちゃんと成長しているかも心配だし、いたずら盛りでもあります。でも、あっという間に成長する子猫の時間は、二度とない大切な宝物になります。

猫のスクスクを見守る

01 家族になった「うちの子記念日」

4月28日は、ひのきが我が家にやってきた「うちの子記念日」です。息子が猫を飼いたいと言って猫を探しだした時期と、ひのきのお母さん猫がひのきたちを生んで、その情報をもらった時期が合わなければ、ひのきとは出会えていません。運命だな～としみじみ思います。

子猫だったひのきに怯えていた娘も今では猫マスター。ひのきは、来るすべての子猫のお世話をしてくれて、ちょっとワガママでグルメで、甘えたいときに甘えてくれる我が家の女王様。そんなひのきが大好きです。

「うちの子になってくれて、ありがとう」と、心から思います。

猫マメ知識……タイやベトナムの干支にはうさぎがいない。猫はいる

生後３週でうちの子になったひのき

2023年4月7日
ひのきは6歳に
なりました

←動画をCheck!

「うちの子記念日」は、家族になった日♡

猫のスクスクを見守る

02 子猫はスクスク大きくなります

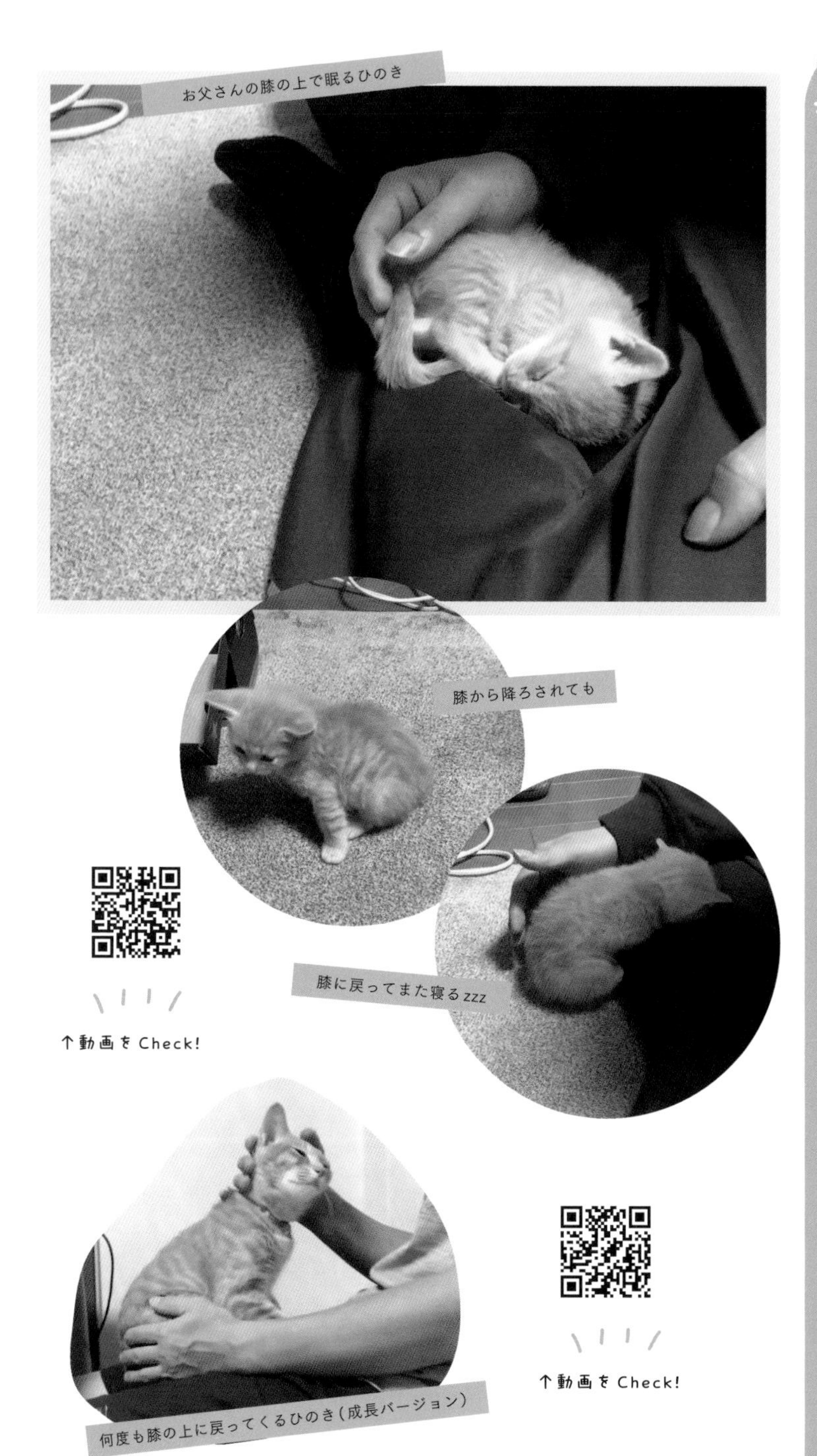

お父さんの膝の上で眠るひのき

膝から降ろされても

膝に戻ってまた寝るzzz

↑動画をCheck!

何度も膝の上に戻ってくるひのき(成長バージョン)

↑動画をCheck!

我が家にやってきた子猫は、「ひのき」と名付けられました。名前の由来は、500色の色鉛筆で、一番近かった色が「檜の湯桶」だったから（笑）。400gと手乗りサイズだったひのきは、1カ月で850gにスクスク成長。

お父さん以外は猫を飼うのは初めてで、「かわいすぎる♡」「こんなに甘えん坊？」と驚くことばかり。それからずっと、家族みんなで猫にメロメロになっています。

あっという間に過ぎてしまう子猫の時期。いたずら対策に目が離せないし、トイレのしつけもあって大変です。でも、はちゃめちゃにかわいい……♡

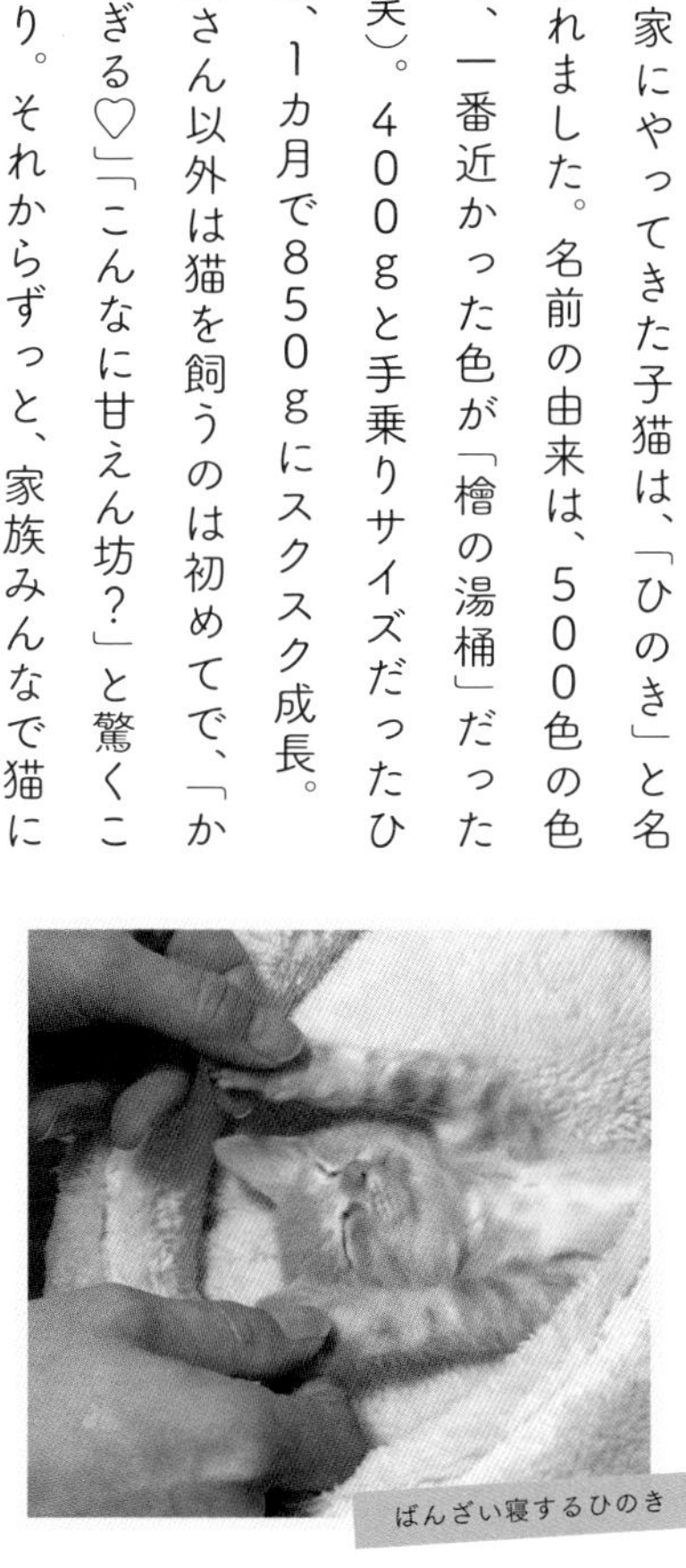
ばんざい寝するひのき

お父さんがひのきに初めてつくったおもちゃ

猫マメ知識……キャットドアを開発したのはニュートンという伝説があるが、その前からあったともいわれている

猫のスクスクを見守る

03 子猫を保護したら、まずは病院

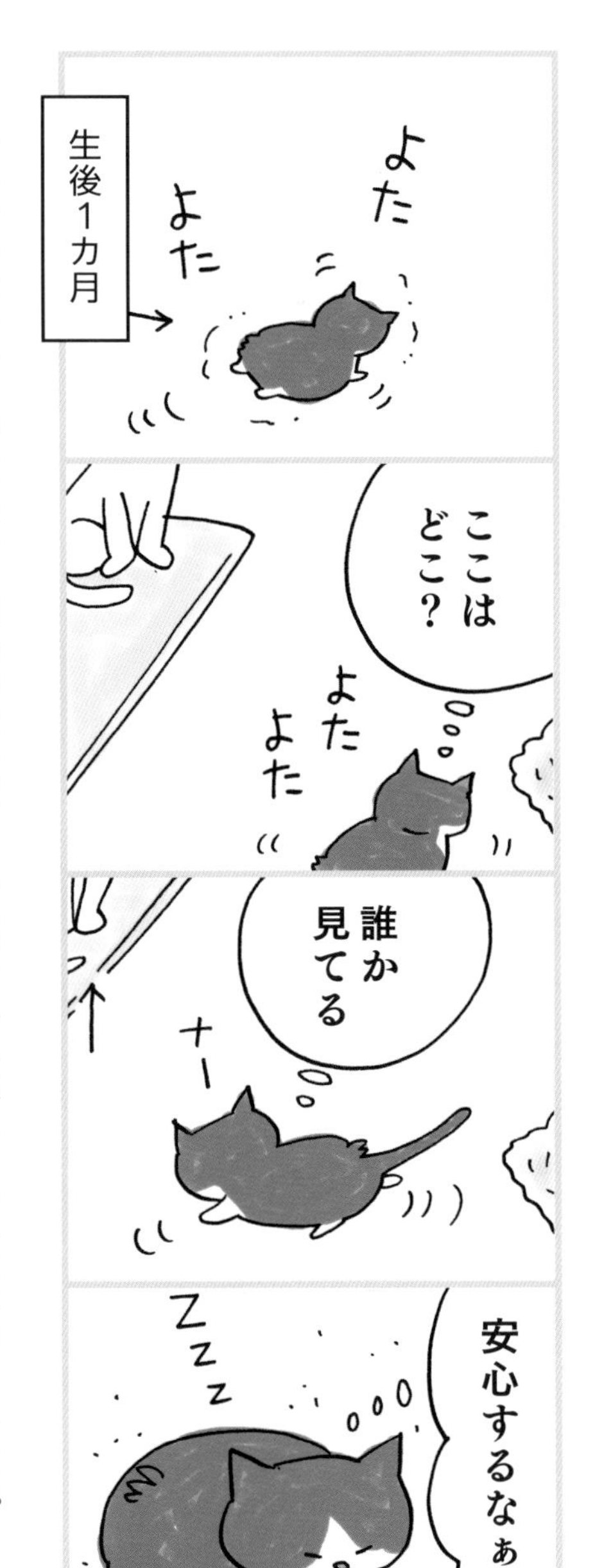

子猫だったひのきが成長して避妊手術を受ける直前、我が家に新しいお友だちがやってきました。息子の先生が保護した子猫です。先生のお宅でもすでに数匹の猫を飼っていて、これ以上はむずかしいとのことでお声をかけていただき、お迎えすることになりました。

病院で診ていただいたところ、女の子で生後1カ月は経っているけれど、ちょっと成長が遅いとのこと。早くにお母さん猫とはぐれてしまったせいか、栄養が足りていなかったみたいです。

動画をCheck!→

手乗りサイズでやってきたひまわり

はじめは警戒していたひのきも見守り隊に加わってくれて、子猫は元気に成長。ひまわりの種の色だから、「ひまわり」と名付けられました。写真では白黒に見えるひまちゃんですが、よく見るとこげ茶がかった縞模様があるんです。

↑最初はケージで隔離しました

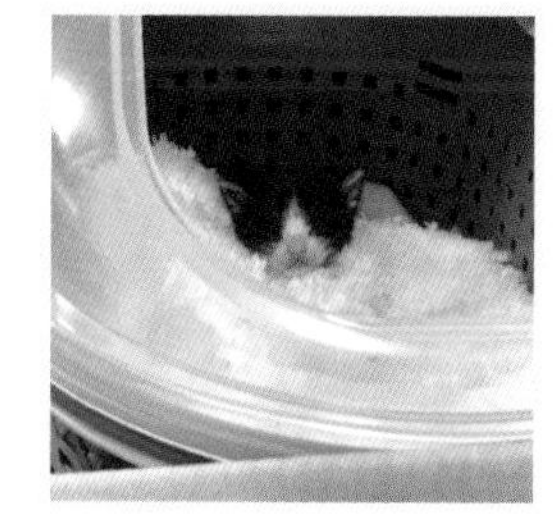
↑なかなか体重が増えなかったひまわり

↑息子に飛びかからず、空気を読むひのき

↑子猫用の哺乳瓶です

猫を保護したら、先住猫とは隔離。病院でウィルス検査などの医療ケアを受けましょう

猫マメ知識……歌川国芳の描く猫には短いカギしっぽが多い。江戸時代の日本ではカギしっぽの猫が多かったそう

04

だんだん距離が縮まる、猫の家族

ひのきと秀吉のケンカの仲裁をするオハナ

ひまわりに続き、我が家にやってきた3匹めの子猫はマンチカンの男の子、秀吉です。月齢の近いひまわりと秀吉は仲良く成長し、翌年の秋、ひまわりと秀吉の間に5匹の元気な子猫が誕生。「オイロ」「オハナ」「オセナ」は里子に、「オデコ」「豆大福」はうちの子になりました。

人見知り&猫見知りなところがあるひのき。ひまわり、秀吉がやってきたときも最初は距離をとり、少しずつ距離を縮めてお世話をするように。新しく生まれた子猫たちにもお尻を舐めてあげたり、自分が苦手なルンバから守ってあげたりと自然になじんでいく姿が見られ、ひのきのやさしさを感じることができました。

ひのき&秀吉

子猫時代のひまわり&秀吉

ひまわり、出産!

←動画をCheck!

豆大福、オデコ、オセナ、オイロ、オハナ

新しい猫を迎え入れるときはいきなり一緒にせず、相性の良し悪しも確認しましょう

猫のスクスクを見守る

05 子猫も大人猫も、至福のヘソ天

豆大福のヘソ天

お母さんが初めて見たヘソ天

↑動画をCheck!

猫と暮らしたことがなかったお母さんは、ひのきたちと出会うまで、フミフミもヘソ天も知りませんでした。ヘソ天を初めて見たときは、「こんなに仰向けで真っ直ぐに？　猫が!?」ともうびっくり。

大人になってもヘソ天で寝る豆大福や秀吉もパンパンでかわいいのですが、ぬいぐるみみたいな子猫時代のヘソ天のかわいさには、誰も勝てません。

野性がまったく感じられない、お腹を出して寝るヘソ天。無防備な分、家での暮らしに安心してくれているのかな？と思うと心がほっこりします。

猫マメ知識……古代エジプト人たちは猫をこよなく愛し、崇拝していた。またバステト女神として神格化もされていたそう

←動画をCheck!

子猫＋大人猫

豆大福＋秀吉の親子ヘソ天

豆大福＋秀吉

ひのき＋豆大福

豆大福のお尻を刺激してあげるひのき

どの猫もやるわけではないけど、暑い時期には猫のヘソ天がよく見られます

猫のスクスクを見守る

06

避妊・去勢手術後のエリカラ生活

子猫の時期は半年程度。あっという間に避妊・去勢手術をどうする？ という問題がやってきます。我が家の猫たちは、全員避妊・去勢手術をしています。入院前は食事制限、退院後は傷口を舐めてしまわないようにエリザベスカラーを付けた生活と、猫たちにとっては試練の日々。ケージに隔離したこともありました。

エリザベスカラーを付けた猫は不便そうで、ふだんより気をつけてお世話をしなくてはいけないんですが、豆大福はエリザベスカラーの中でおもちゃを転がして遊んでいたりと、たくましさも見せてくれました。手術後はみんな、より甘えん坊になったような気もします。

エリザベス大福

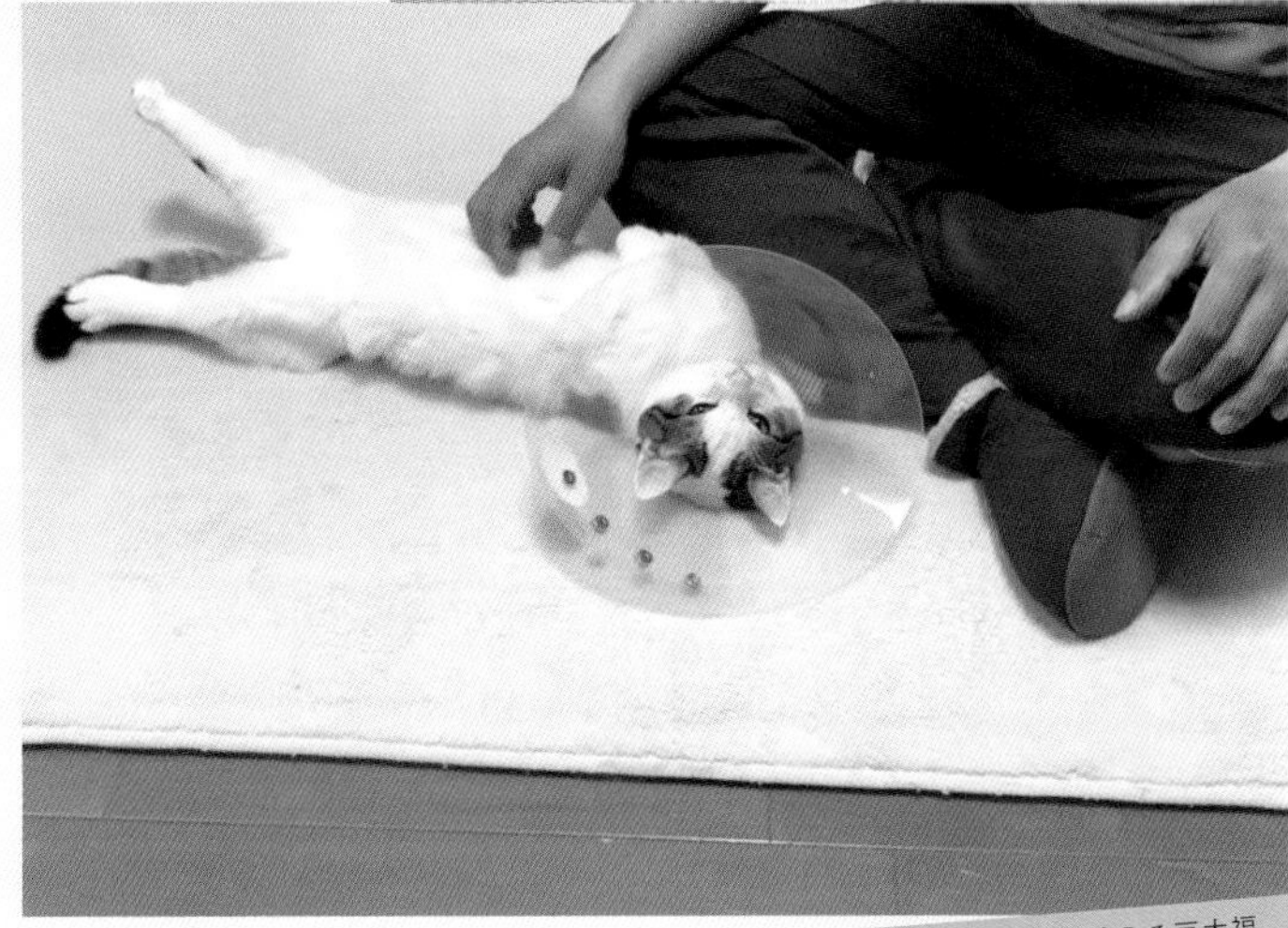

エリカラ付きでも甘える豆大福

←動画をCheck!

↑エリカラも似合うオデコ

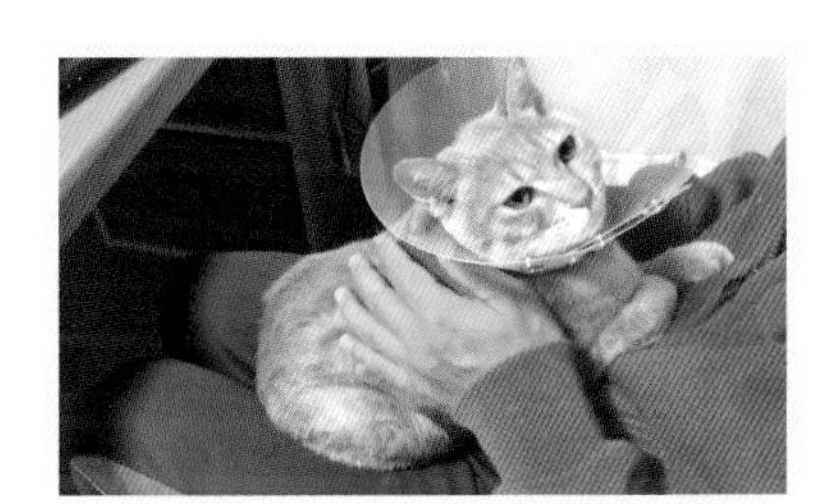

↑避妊手術後、ひのきが甘えることが増えたような

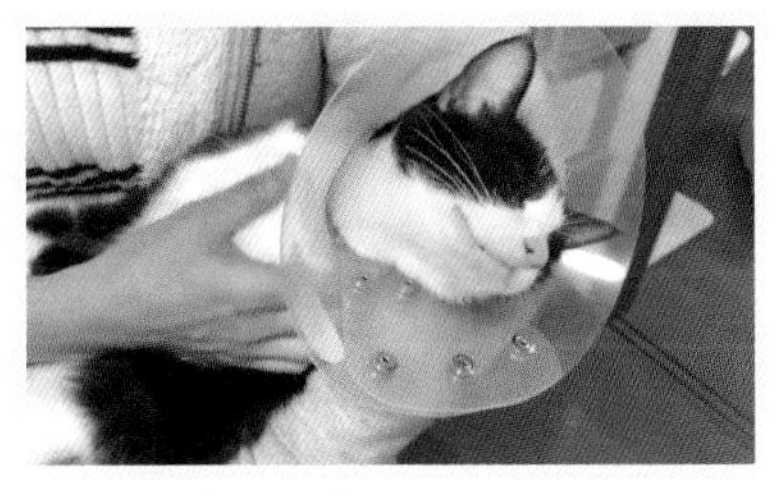

↑オデコがおっぱいを飲もうとするため、
一時ケージ生活をしていたひまわり母さん

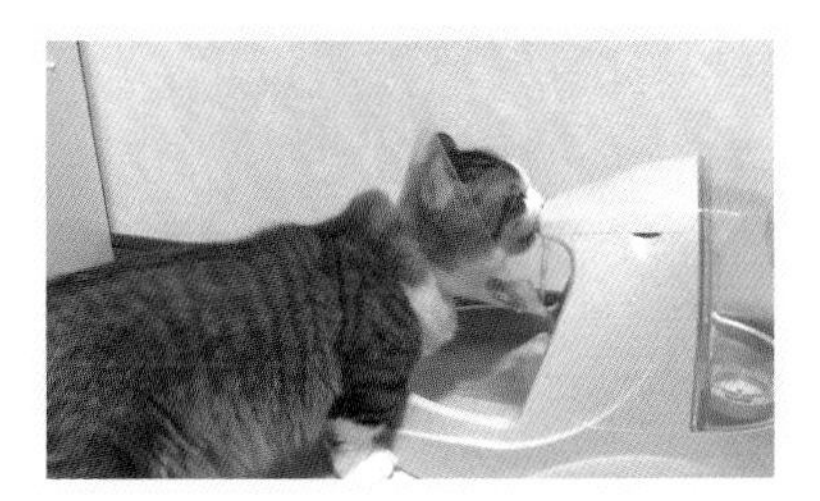

↑エリカラ初日は少し元気がなかった秀吉。
次の日から元気になりました

皮膚病で傷のかきむしり対策にもエリザベスカラーを使うことがあります

HIDEYOSHI

秀吉

一番
無邪気に遊ぶ
お父さん猫

MAMEDAIFUKU
豆大福
鳴けばなんとかなると
思っている猫。
食いしん坊

教えて！
獣医さん

質問6

歯磨き・爪切りはしたほうがいい？

＼教えていただいたのは／

Tokyo Cat Specialists 院長
山本宗伸先生

健康寿命のためにも歯のケアを

まず歯磨きについては、することをおすすめします。猫は虫歯にはなりませんが、歯肉口内炎は比較的多いです。歯肉口内炎になると痛みが出るだけでなく、腎臓病にもなりやすくなることがわかっています。健康寿命を伸ばすためにも歯のケアはとても大切です。

爪は本来、猫自身が爪研ぎをしていれば伸びすぎることはありません。ただし爪が刺さって痛い、家具を傷つけてしまうなど、一緒に住むうえでは、切ったほうがお互いのストレスが少ないです。また高齢猫や関節炎などで手が痛い猫は爪研ぎができず、爪が伸びきって自分の肉球に刺さってしまうことがあります。その場合は怪我防止のため、飼い主が切ってあげましょう。

P40からの続き▶

質問7

少しなら人間の食べ物を与えてもいいですか？

健康のためには与えない方が◯

基本的に与えないほうがいいですが、あげるなら、味付けがされていないものを、ごく少量与えてください。たとえばマグロの刺身や、食パンなどです。

人がおいしいと思う食べ物は猫にとっては味付けが濃く、それを主に食べていると健康が損なわれてしまいます。また人と猫は必要な栄養の種類と量が異なるため、人間の食べ物ばかりを与えていると、動物性タンパク質の比率が下がり、病気の原因となってしまいます。

必要な栄養はキャットフードでまかない、あくまでおやつとして与えましょう。なお、ヨーグルトは猫によっては下痢をします。

質問8

どうしても病院に行くのを嫌がる猫はどうしたら？

＼教えていただいたのは／

Tokyo Cat Specialists 院長
山本宗伸先生

キャリーに慣れてもらう作戦

まずはキャリーへの警戒心を減らすためのトレーニングをしてみましょう。キャリーに入った状態でおやつを与え、キャリーに入るとよいことがあると学習させます。じょじょに時間を長くして、ふたを閉めても緊張しないようになれば成功です。次の段階ではキャリーで外出し病院には行かず、散歩やドライブだけにします。そうすることで、キャリー＝病院というイメージをなくします。

それでも移動ストレスが強い、またはキャリーに入らない場合は、往診や遠隔診察を検討してもよいでしょう。往診で超音波検査などもできる病院もあります。遠隔診療も一般的にはなっていますが、嘔吐や体重減少などは実際の検査をしてみないと具体的な診断にまでは至らないケースが多いです。

質問9

猫を長寿にするための秘訣はありますか？

体重測定で健康維持を

長生きする猫がいる家庭は、以前に飼っていた猫や、同居猫も長生きだったりするので、何かコツがあるのかもしれません。私もそのような飼い主さんに質問してみましたが、皆さん一様に「特別なことはしてません」と答えます。

当たり前のことになってしまいますが、ストレスのない環境と、適正体重を維持すること、良好な食事と水分を与えることが、長寿の秘訣と考えます。日頃から体重測定をしておくと、病気などの早期発見に繋がるでしょう。

またやはり定期健診も健康維持に役立ちます。10歳までは1年に1回、10歳以上は1年に2回の検診を推奨しています。

教えて！獣医さん

＼教えていただいたのは／

Tokyo Cat Specialists 院長
山本宗伸先生

質問10

猫にとって危険なものを教えてください！

食べると命に関わる食品や植物、誤食が多いものを5つ挙げてもらいました。

1. ヒモ

ヒモは異物の中でも死亡率が高いです。ヒモが腸の中で絡まると腸が裂けて腹膜炎になってしまいます。猫の舌には棘が付いており、ヒモで遊んでいると棘に絡まり飲み込んでしまいます。若い猫で1日5回以上吐く、元気がなくなるなどの症状がみられたら、飲み込んだ可能性があるので、すぐに受診しましょう。

2. ユリ科植物

ユリ科植物は他の動物にはそれほど害はありませんが、猫には強い毒性を示します。ユリの花だけでなく、茎や花粉を少量摂取しただけでも、急性腎障害といって、急激に腎機能が低下し死に至ります。家の中にユリ科の植物を持ち込まないことが原則です。

3. ウレタンマット

異物の手術で圧倒的に多いのが、子どもの転倒防止などに使われているウレタンマットです。猫が噛んで遊んでいるうちに飲み込んでしまうのでしょう。これも猫に食べないよう指導することは難しいので、家の中に置かないことが唯一の予防策になります。

4. 観葉植物

ユリ科以外にも700種類以上の植物が、猫に対して毒性があると知られています。すべてを覚えることはむずかしいので、観葉植物を設置する場合は、必ず猫に毒性がないか調べてから購入しましょう。信頼できるサイトとしてASPCAという米国の獣医師が作成している「Toxic and Non-Toxic Plants List」というページがあります。英語ですが、自動翻訳を使って毒性の有無だけ確認することはそれほど難しくありません。

https://www.aspca.org/pet-care/animal-poison-control/toxic-and-non-toxic-plants

5. 人間の薬

人の薬を誤って飲ませてしまった、あるいは盗み食いした、どちらも発生します。人の薬は量が多いだけでなく代謝のちがいから中毒になりやすいです。たとえば、人間の風邪薬でよく処方されるアセトアミノフェンは、猫が誤飲すると赤血球を壊してしまい、1錠でも死に至る危険性があります。

心得3

猫のイタズラに反省なし

「猫は反省も後悔もしない」「楽しいことしか覚えていない」と聞くことがあります。たしかに、やらかしてもとぼけたかわいい表情を見たら、誰も怒れません。

猫のイタズラに反省なし

01 乗る？乗らない？ルンバとの攻防

もはや6匹目の猫ともいえる、ルンバ。ひのきが子猫のときから、ずっと掃除をし続けてくれています。そしてひのきは実はルンバが苦手。ルンバに乗るのはひまわり一族です。

我が家の元祖ルンバライダーは、ひまわり。チャレンジャーのひまわりは、子猫のときに息子がチョイと乗せたことがきっかけで自分から乗るように。楽しそうに乗り降りしたり、猫パンチを連打したりしていましたが、大人猫になるにつれ乗らなくなりました。

乗ってくれるとかわいいのですが、体重のせいか掃除が進まないことも……。でも、まだまだルンバとは友だちであってほしいなと思います。

ひまわりが
ブブブ
ルンバに乗ると
止まります
ブブブ
対策
ポン
ぬこレシーブ
スイー
ブイーン
何これ

←動画をCheck!

猫マメ知識！

猫は、人間が認識できる光の6分の1の強さでも認識可能。夜間、車のライトを見たショックで車に轢かれてしまうことも多い

豆大福のルンバチャレンジ

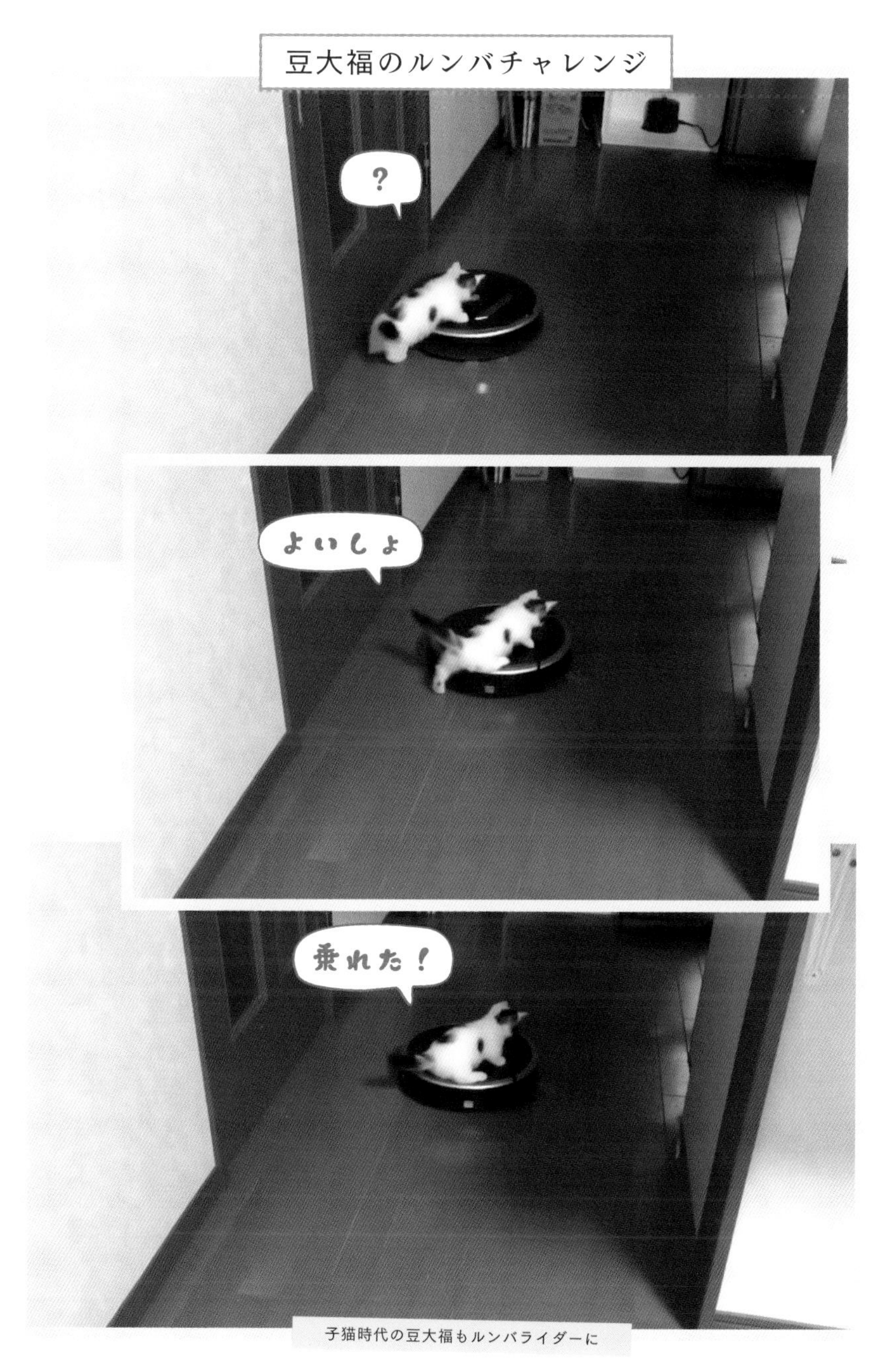

子猫時代の豆大福もルンバライダーに

←動画をCheck!

よちよちと乗る姿が愛くるしい……

猫のイタズラに反省なし

02 猫は言い訳もかわいい

ふと洗濯機を見ると、オデコが中に入っていました。洗濯機のコンセントはいつも抜いているものの、洗濯機の中を毛まみれにはしてほしくない。「こらオデコ！」「出ておいで！」と声をかけると、言い訳のようなかわいいニャーが返ってきました。ちっちゃいときから、注意すると「にゃうにゃう」と言い訳をしてくれるオデコ。何歳になっても子猫のような甘えん坊で、名前を呼ぶと首をかしげてくれるオデコは、言い訳すらもかわいいのでした。

猫のゴロゴロ音には、骨折などの治りを早くする効果や、自分を落ち着かせる効果もあるといわれている

オデコの言い訳

こらオデコ！

※洗濯機のコンセントは抜いています

降りてー

名前を呼ばれて首をかしげるオデコ。誰も怒れません

←動画をCheck!

おしゃべりな猫は言い訳したり、説明したり……

猫のイタズラに反省なし

03 猫はじゃまするけど悪くない

見守ってくれているのか自分を見てほしいのか、猫はじゃましてきます。

甘えん坊のオデコは、にゃうにゃう鳴いて付きまとってくることがあります。出かける前に靴を履くのをじゃましたり、背中に乗ったり。ちょっと困るけどかわいいです。

娘がピアノの練習をしているときは、おかまいなしに乗ってきて、「自分は悪くない」という表情。でも、じゃまされるのもちょっとうれしそうな娘なのでした。

動画をCheck!→

猫の鼻の模様は人間の指紋のように猫それぞれでちがう

ピアノの練習をじゃまする豆大福

PC作業をじゃまされたくない場合は、そばに猫のいやすい場所を確保して

猫のイタズラに反省なし

04 ある？ ない？ 猫の「思いやり」

キャットタワーに取り付けたハンモック。人気なのはうれしいんですが、なぜそこ？　という入り方をしていることがあります。

空いているハンモックがあるのに、なぜかひまわりの上に乗っかっている豆大福。耐荷重の範囲内ではありますが、ひまちゃんが潰されそうで気になります。おもちゃを使って空いているハンモックに豆大福の誘導を試みたら、むしろ動くことでひまちゃんに体重をかけたり、平和に寝ている秀吉の頭を乗り越えようとしたり。それでも豆大福に怒らない、やさしいひまわり母さんと秀吉父さん。そのおかげで豆大福は豆大福らしく、マイペースに伸び伸びできているのかなと思います。

猫マメ知識……世界一長生きした猫、はギネス記録によると38歳。人間の年齢にすると168歳くらいという驚異的な記録

秀吉を乗り越えていく豆大福

←動画をCheck!

猫の性格はそれぞれ。多頭飼いではそれぞれのちがいがよくわかります。ただし、相性が合わないことも

05 猫のケンカは突然に

時々ですが、ケンカが勃発します。誰かがケンカしていると、誰かが野次馬で寄ってきます。この日は先にいたのが豆大福で、後からオデコが行ったんです。豆大福がなにか気に入らないことをしたのか、ボコボコに。豆大福もオデコから目を逸らさずかっこいいんですが、結局場所を譲って立ち去りました。見守っていたお母さんが豆大福に場所を返してあげようとしたときにはすでに遅く、鈍感力の塊みたいな豆大福が、ちょっと切なそうな表情に……。

猫のケンカは「なんとなく」始まることも……

猫マメ知識

猫と一緒に暮らすと、脳卒中、心臓発作、認知症といった病気の抑止効果があるという研究結果が発表されている

目はそらさないけど避けない、攻撃もしない豆大福

←動画をCheck!

→仲良くしていますが、
この後ケンカになりました

猫のイタズラに反省なし

06 猫は反省しなくてもかわいい

豆大福には、定期的に他の猫の首根っこを噛む癖がやってきます。ある日、しつこくオデコに噛みついていたところ、ついにふだんあまり怒らないオデコからの猫パンチが……。それでもまったく反省の色が見られない、豆大福の様子がかわいかったです。

別の日には、飾ったばかりのクリスマスツリーを倒した豆大福。しかも真ん中辺りでポッキリと折れてしまったんです。でも、ぼう然とする娘の横でごはんを待つ豆大福には、なんの

猫の耳先の飾り毛には「リンクスティップ」という名前がある。狩りを行うために発達したといわれている

猫パンチをお見舞いされるも……

反省の色なし……

動画をCheck!→

反省の色もなく。しっぽをゆ～っくりと水に付けて「俺面白いやろ～？」みたいに、オチまで撮らせてくれたのでした。

倒されたクリスマスツリー

「ツリーが折れた！」と聞いた瞬間の豆大福

←動画をCheck!

猫は過ちを認めない…ところがかわいいです！

ODEKO
オデコ

わがままで
甘えん坊な
末っ子猫

ひのき猫
GALLERY

ファ～
失礼
くっついたりケンカしたり、
気まぐれなひのき家の5匹の猫の
様子をほぼ毎日配信しています♪

教えて！ペットシッターさん

猫がお家で楽しく安全に過ごすためのコツを聞きました。

＼ 教えていただいたのは ／

Catloaf 山本千枝子さん

医療系校正者として働く傍ら、2014年より動物愛護ボランティア活動をはじめる。2020年に動物取扱責任者を取得、猫専門ペットシッター＆キャットケアサービス「Catloaf」をスタート。

Catloaf

https://catloaf.tokyo/
Instagram：@catloaf_catcare

質問1

「猫ってどれぐらい留守番できるの？留守番させるときに気をつけることは？」

留守番時の誤飲・誤食に注意

性格や年齢、持病があるか、季節などにもよりますが、健康な猫であれば大抵1泊は大丈夫です。私が受けたシッター依頼では最長で13泊というのがありました。1泊程度であればシッターに依頼せずとも、ごはんやトイレを多めに用意したり、自動餌やり器や留守番カメラなどのスマート家電を使ったりして上手に対応できると思いますよ。

気をつけることは様々ありますが、やはり誤飲・誤食や事故が心配。おもちゃ、コード類には特に注意が必要です。とある現場で1歳未満の子猫がスパイスの袋をかじっていたことがあり、ヒヤッとしました。食べられないものでも猫が興味を持つ可能性があるので、猫が開けられない戸棚などにしまいましょう。

エアコンを使用する季節は、快適な場所に自由に行き来できるように、ドアストッパーを使用して開放しておくなどの工夫をおすすめします。

◀P92に続きます

猫の「好き」を集めよ

狭いところや高いところ……。「好き」がはっきりしている猫。良かれと思って買った猫ベッドより、それが入っていた段ボールのほうがお気に入りになるのは猫暮らしあるあるです。

猫の「好き」を集めよ

01 そこに箱があるならば

猫といえば箱。ふつうの段ボール箱が大好きで、小さめサイズでもどうにかして入ろうとするのは猫あるあるです。

段ボール箱に開けた小さめの穴が気になるものの、入れなかった豆大福。穴が上になるようにしたところすぐにひまわりが入って、それを見てか、豆大福もようやく入れました。

でも、足が短くお肉も満載の豆大福は、出るときも簡単にはいきません。顔をヒョコっと出してがんばったあと、スルスル〜ッと引っ込んでいく様もたまらなくかわいいんです。そして3回トライしたのち、裏技というか力業というか、予想外の出方を見せてくれました。

新しい猫ベッドより、それが入っていた段ボールに入りがち

猫マメ知識……三毛猫のオスが生まれる確率は約3万分の1。模様を決める遺伝子の関係で、このくらいの確率になるそう

←動画をCheck!

←動画をCheck!

猫の「好き」を集めよ

02 高いところが好き。

登れなくてもあきらめない

猫は高いところが好き。我が家の冷蔵庫の上も、猫たちの人気スポットになっています。ところが、ひのきたちのようにぴょんぴょ〜んと登れない猫がいます。豆大福です。「にゃ〜〜お〜（上げてくれ）」とお願いされましたが、この日は甘やかさず、見守ることに。結局思わぬ方法で登れた豆大福ですが、驚いたのは先に冷蔵庫の上にいたひのき。「どっから来んねん！ びっくりするやん!!」ということなのか、猫パンチをお見舞いされてしまいました。

猫マメ知識……キウイはマタタビ科の植物。猫にキウイをあげると、マタタビと同じく酔ったような反応をする

冷蔵庫の上に登れなくなった豆大福

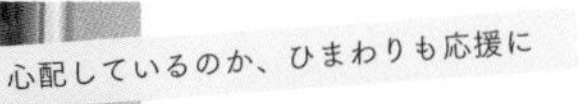
心配しているのか、ひまわりも応援に

冷蔵庫の上は人気スポットです

「冷蔵庫の上に上げろぉ～」の顔

←動画をCheck!

猫は高いところから見下ろすのが好きですね！

猫の「好き」を集めよ

03

なでなでされて、ベロのしまい忘れ

なでられるのが好きな甘えん坊オデコ。先日、初めておんぶさせてくれました。背中に乗られたことはたくさんありましたが、お手々を両肩に回してくれることはなかったんです。スリスリもしてくれるし、ただ背中に乗られてるより「好き〜」と言われている感があって、うれしさMAXでした。

その後なでなでしていたら、ベロのしまい忘れが。これも、オデコが心を許してくれているのかなと感じられて、うれしいです。

「猫の舌」といわれるお菓子はラングドシャ（Langue de chat）。※Langue＝舌、de＝○○の、chat＝猫

→おろしてあげる
お母さん

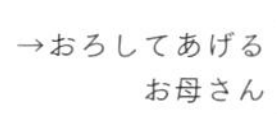

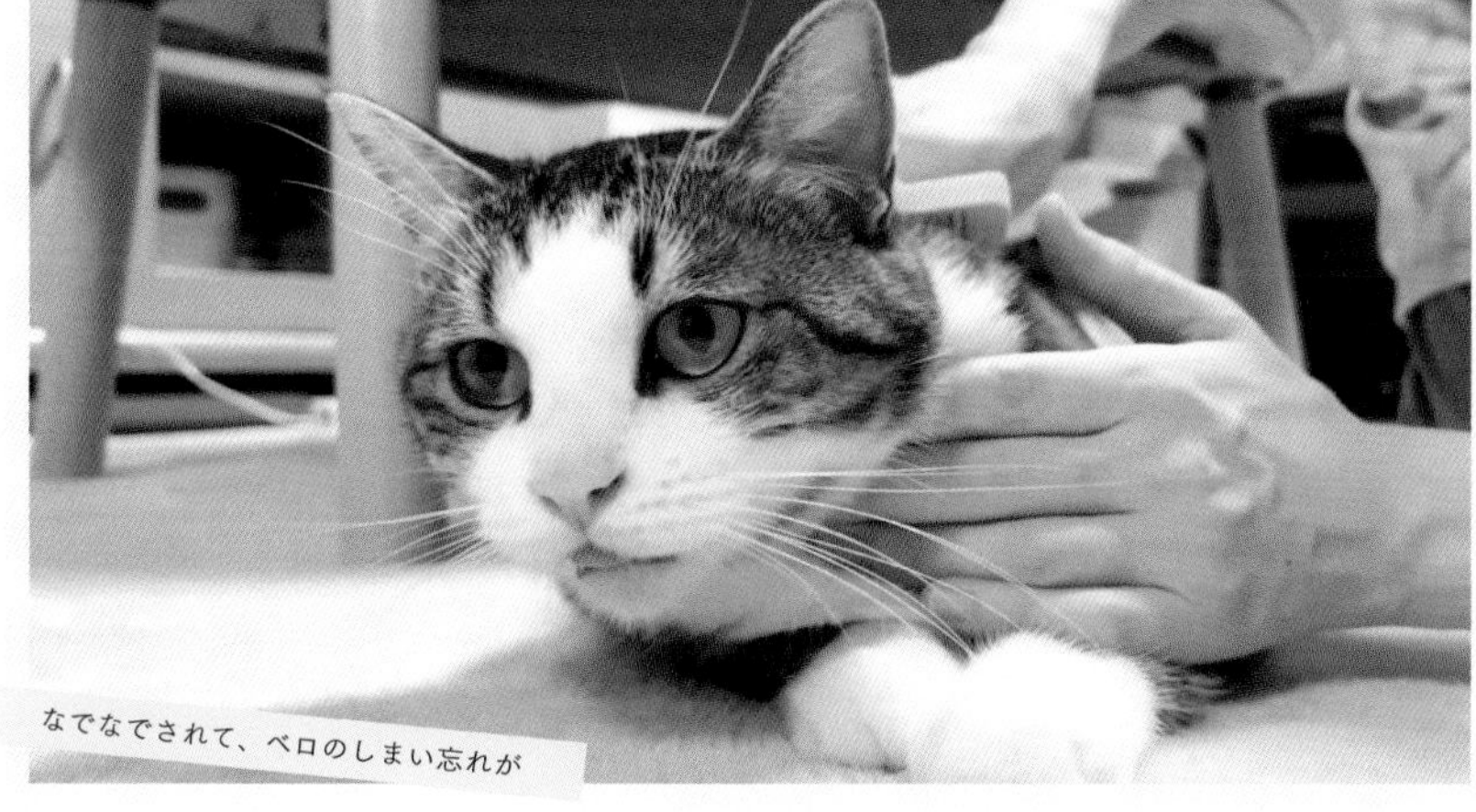

なでなでされて、ベロのしまい忘れが

←動画をCheck!

娘の背中でも、ベロのしまい忘れ

リラックスしているとき、舌のしまい忘れが起きやすいです

04 DIYで猫の運動不足対策

一部屋を猫部屋に改装し、猫さんたちが楽しく運動できるようにしています。制作はお父さんのDIY。息子だけでなく、猫もお手伝い（じゃま？）をしてくれています。

猫用ステップやキャットウォークを支える板壁の柱は、2×4材と突っ張りパーツ。市販のアイテムも組み合わせて時々模様替えをするとすぐに試してくれるので、楽しんでくれているのかなと思います。

でも、子ども部屋にロフトベッドをDIYしたところ、そちらも猫さんたちの大人気スポットに。みんなそっちに行ってしまうこともあります（笑）。

おもちゃや高齢猫様のステップなど、DIYでできる猫グッズもたくさん

お父さんのDIYを監視する秀吉

←動画をCheck!

猫部屋は時々
模様替えしています

↑お父さんと息子が作った吊り橋

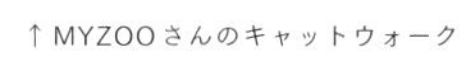

↑MYZOOさんのキャットウォーク

↑透明ハンモックに興味津々な豆大福

↑猫部屋の壁は2×4材を使ってDIY

猫の「好き」を集めよ

05 猫も飼い主を気にしてくれる

娘の頭に後ろ足を乗せる秀吉

飼い主たちに分けへだてなく懐いてくれる、やさしい我が家の猫さんですが、相手によって、対応を変えているような気もします。

秀吉はお母さんの背中をカリカリしますが、それほどかまってはくれません。一方、お世話好きのひまわりは、みんなにスリスリ。オデコと第で毛づくろいもしようとします。気分次豆大福は子猫の頃から娘のことが大好きで、豆大福に至っては寝る時間には娘のお腹に乗ったり添い寝したり。

この日は娘が風邪気味だったのを心配したのか、ちょっとかまいすぎでは？　というくらい、娘を気にしてくれていた猫さんたちでした。

ひまわりも……

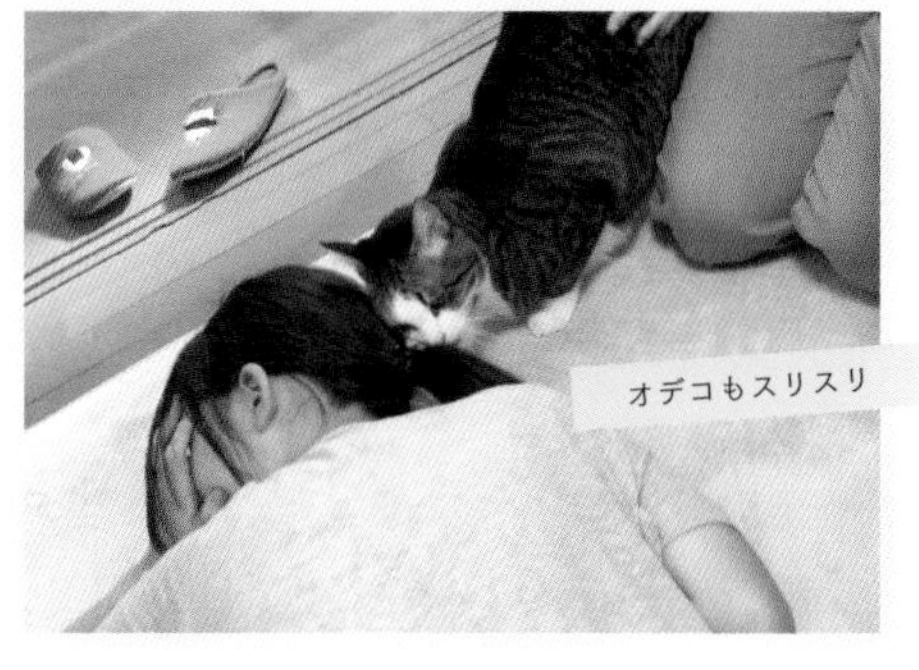
オデコもスリスリ

煮麺も気になる豆大福

←動画をCheck!

小さい頃からずっと一緒

猫のスリスリは愛情のサイン

猫マメ知識……猫の聴覚は優れており、約60000Hzの高周波の音まで聞くことができる。ネズミが発する超音波も感知しているそう

猫の「好き」を集めよ

06 大人猫もおもちゃ遊びに誘って

カピバラのおもちゃを持ってきた

トンネルで遊ぶ豆大福

猫のおもちゃや猫ハウスは自作することもあるので、市販のものはそれほど買いません。でも、買ったおもちゃを気に入って遊んでもらえるのは、やっぱりすごくうれしいです。

トンネルのおもちゃは予想以上に好評で、いつもの秀吉・オデコ・豆大福のトリオがわちゃわちゃと遊んでくれました。秀吉は最初しらーっと大人の雰囲気で見守る感じだったんですが、ネズミのおもちゃを見つけてから、トンネル内で凶暴化しました（笑）。

豆大福は、お気に入りのおもちゃを持って息子のところへ行くこともあります。豆大福に遊び上手と認定されているんだと思います。

←動画をCheck!

おもちゃで遊ぶのは飼い主も疲れることがありますが、猫の運動不足の解消にもなります。積極的に誘ってあげて

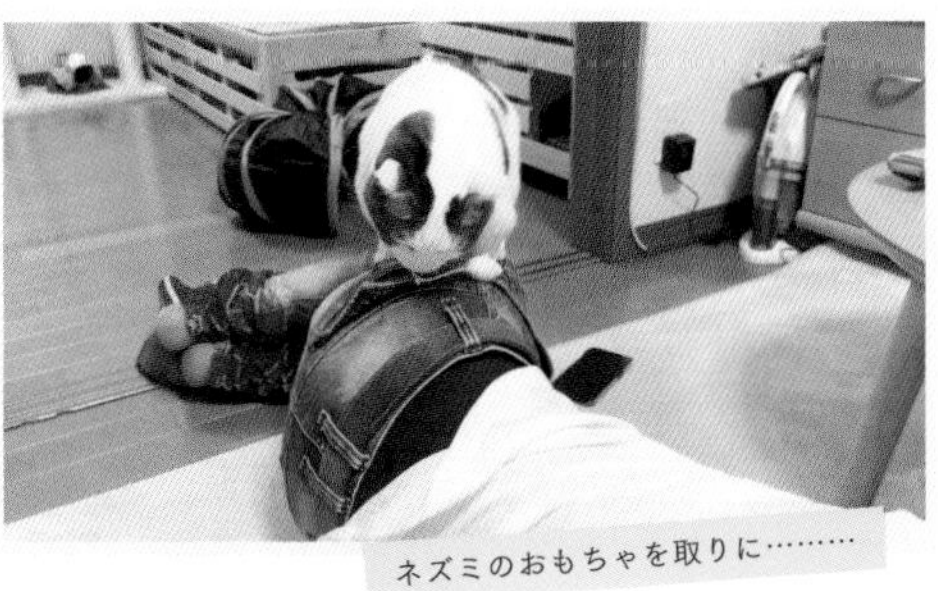

ネズミのおもちゃを取りに………

おもちゃのためならジャンプ!

秀吉の誕生日プレゼント、ふさふさのネズミ

やっとボールで遊べるようになったひのき

猫の「好き」を集めよ

07 猫もうらやむ寝かしつけ

豆大福は、よくお父さんに寝かしつけられます。なでなでされてトロンとなっていく様子は赤ちゃんみたい。静かに豆大福を寝かしつけたいと思っていると、決まってかわいいじゃまが入ります(笑)。トリオの残り2匹、秀吉とオデコです。私も~、俺も~って、オデコや秀吉がこぞってお父さんの周りをウロウロと。特に秀吉は、子猫みたいに積極的にアピールすることがあります。それでも、眠いときはかまわず寝るのが豆大福です。

猫マメ知識……

猫は顔のあちこちにヒゲが生えていて、全部で約60本ある。またヒゲですき間に入れるかどうかを確認している

寝かしつけられる豆大福

←動画をCheck!

静かにやさしくなでてあげて

＼教えていただいたのは／

Catloaf
山本千枝子さん

質問2

「お客さんが来ると隠れてしまいます。どうしたら出てきてくれますか？」

気配を消して待つ

猫はぐいぐい来ると逃げる子が多いです。私は初めての現場で怖がって出てこない猫ちゃんの場合は、なるべく気配を消してお掃除などのお世話をします。しばらくすると「この人間は危険じゃないかも」と猫ちゃんが感じて、ソロリと出てきます。そこで高めの声で名前を呼んであげると、自分のことを知っている人間だと理解し、警戒心を解いてくれることが多いですね。お客さんも「かわいい〜！」とつい大きな声を出してしまいそうですが、そこは抑えて（笑）。小さな声での声かけをお願いしましょう。また、じっと目を見つめないようにすることもポイントです。目が合ったら、ゆっくりまばたきをすると、敵意がないよという合図になります。

あとは……おやつでしょうか。その猫ちゃんが好きなおやつをお客さんにあげてもらうことで、お客さんが来ると良いことがあると認識してもらうと、隠れなくなるかもしれません。

◀P112に続きます

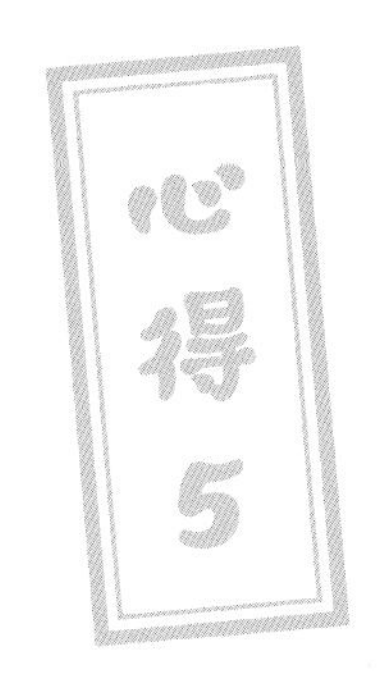

猫の日常観察

自由気ままに過ごしているように見える猫たちですが、夜は寝て、朝はちゃんと起きて、飼い主を起こしてくれることも。飼い主に「おかえり」のあいさつをしてくれなくても、帰ってきたことはちゃんとわかっているみたいです。

猫の日常観察

01 猫の「おかえり」のあいさつは……

猫は「いってらっしゃい」「おかえり」のあいさつをしてくれるでしょうか？　お父さんが夜から出かけるということで、お母さんと息子、5匹の猫に見送られて賑やかにバタバタと出かけました。丸一日、家を空けたわけですが……。そして朝方帰ってきたお父さんを出迎えたのは……、出迎えたのかな？

オデコがお父さんを「おかえり！」と大歓迎することもよくあるのですが、この日はなぜか無視。お見送りのときとはちがい、かなり温度

猫マメ知識……ブルガリアには、雀にだまされた経験から猫が「食べてから顔を洗うようになった」という民話がある

5匹大集合で「にゃー（いってらっしゃい）」

差のあるお出迎え（？）となりました。
理由はともあれ、猫たちは朝帰りには冷たいのでしょうか？
疲れて帰ってきたのに無視されてさびしかったお父さん。まぁ、そんな日もあるってことで。

←動画をCheck!

こちらは「にゃー（おかえり）」と甘えてくるオデコ

←動画をCheck!

「おかえり」のあいさつをしなくても、猫は多分気づいています……

猫の
日常観察

02 猫に呼ばれたら誰も無視できない

お父さんを呼ぶ豆大福3形態

←動画をCheck!

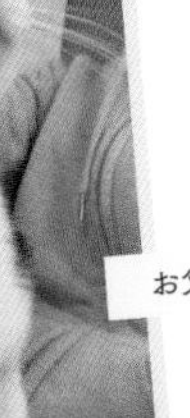

LOVE

お父さんの膝の上を陣取って幸せそうな豆大福

人間の呼びかけを無視することもありますが、猫のほうは好きなときに人間を呼びます。豆大福はお父さんを呼ぶことが多いです。多分、一番かまっているから。コイツに頼めば必ず希望が叶うと、信頼関係ができているんだと思います。だからよく「ニャ〜〜〜〜」「ゥゥ〜」と鳴くんですね。

かわいいからすぐ構っちゃうんだけど、これを無視したらどうなるのか？　お父さんの「勝手に我慢大会」が開催されました。

途中、お母さんや息子が声をかけても、豆大福はお父さんに自分のほうを向いてほしそうで、お父さんに向かって鳴き続けました。次第に声がちっちゃくなったり「くぅ〜ん」とも聞こえるさびしげな声も混ざったりして、お父さんの我慢は限界に。我慢大会は10分ほどで終了しました（笑）。

あんなかわいい声で鳴かれたら、無理です。

なぜか突然発生することが多い猫からのコミュニケーション。猫との会話を楽しみたいなら、猫の呼びかけに返事をして、おだやかな声で話しかけてみて

猫マメ知識……メインクーンのStewie（ステューイー）は全長123cmもあった

猫の
日常観察

03 スキンシップは日々の信頼から

猫にはスキンシップが好きな子と苦手な子がいますが、豆大福は生まれたときから家にいたせいか、基本、コネコネされても動じない性格です。誰が触ってもそこそこ触り放題させてくれる豆大福ですが、息子は、お母さんたちがしない触り方をするときがあります。

見てて「え!?」って思うこともあるんですが、豆大福には、またしてほしいって思わせているようで……。息子のそばから離れず、コロンと転がる様子は本当にかわいいです。

そんな相手だからこそなんでしょうかね？

豆大福もまた……息子の上に乗り放題。遠慮なく乗っとります。顔に乗っかられて、口元は

猫マメ知識……6本指の猫がいる。海外では「ヘミングウェイキャット」と呼ばれ、《幸せを呼ぶ猫》と信じられている

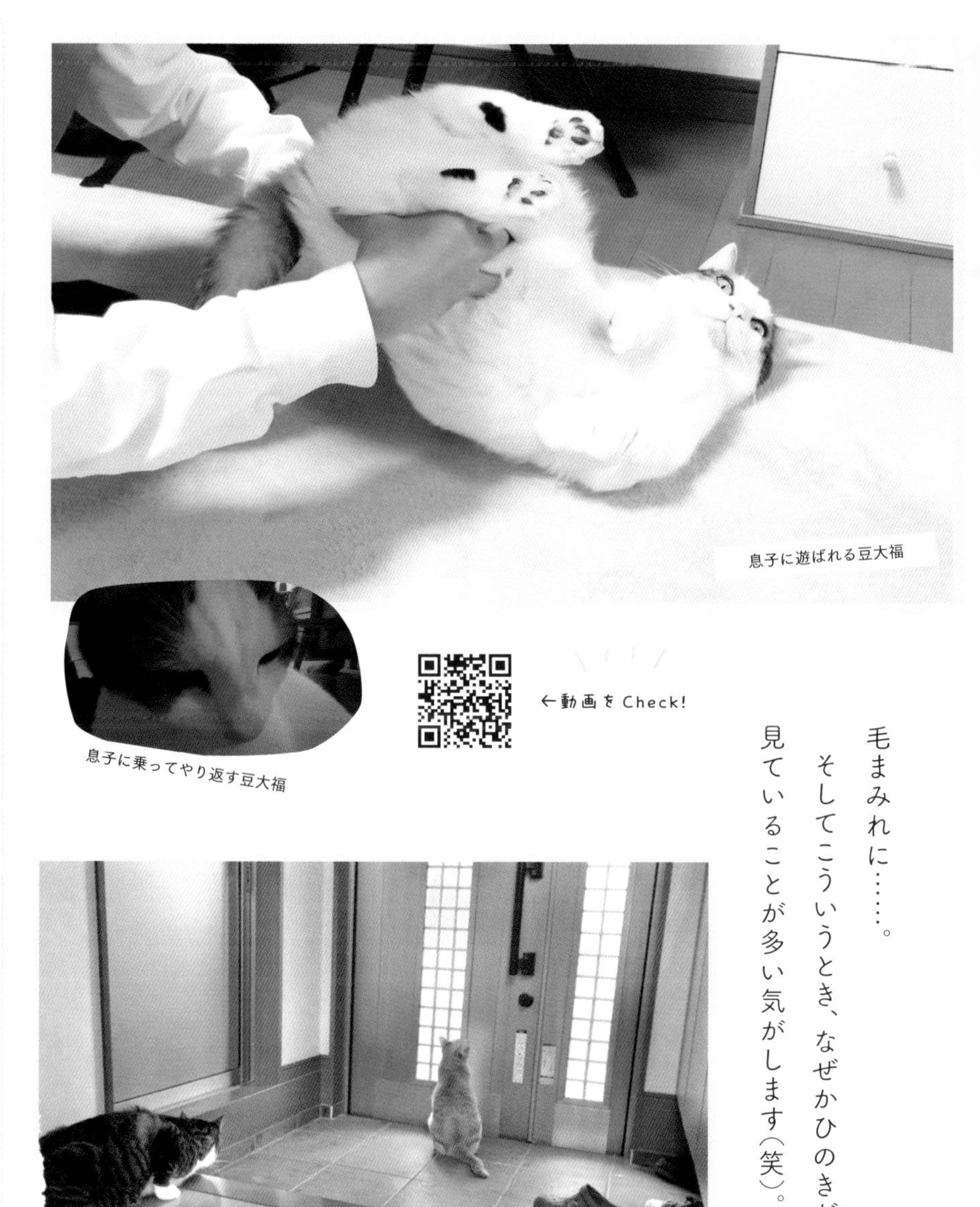

息子に遊ばれる豆大福

息子に乗ってやり返す豆大福

←動画をCheck!

毛まみれに……。
そしてこういうとき、なぜかひのきが近くで
見ていることが多い気がします（笑）。

息子が学校に行った直後のひのきの様子。なんか切ない

あこがれの“猫とのわちゃわちゃ”は一朝一夕には生まれません。まずは信頼関係を築いて！

猫の日常観察

04 お風呂を観察する猫の実態

自分が洗われるのは嫌いな猫も、なぜかお風呂場は気になるようです。「水に入っていて大丈夫なのか？」と飼い主を心配して見に来る説もありますが、真相はわかりません。この日も豆大福は「開けてくれ～」と言わんばかりに扉をガリガリし、お父さんに入れてもらいました。でも、入ってきても何をするでもなく、濡れるのも気にせず香箱座り……。結局のところ、お風呂場に入ってくるにゃんこの実態は、何しに来たのかわからないということでした。

猫マメ知識……初めて宇宙に行った猫はフランスの「フェリセット」という猫。無事に帰還した

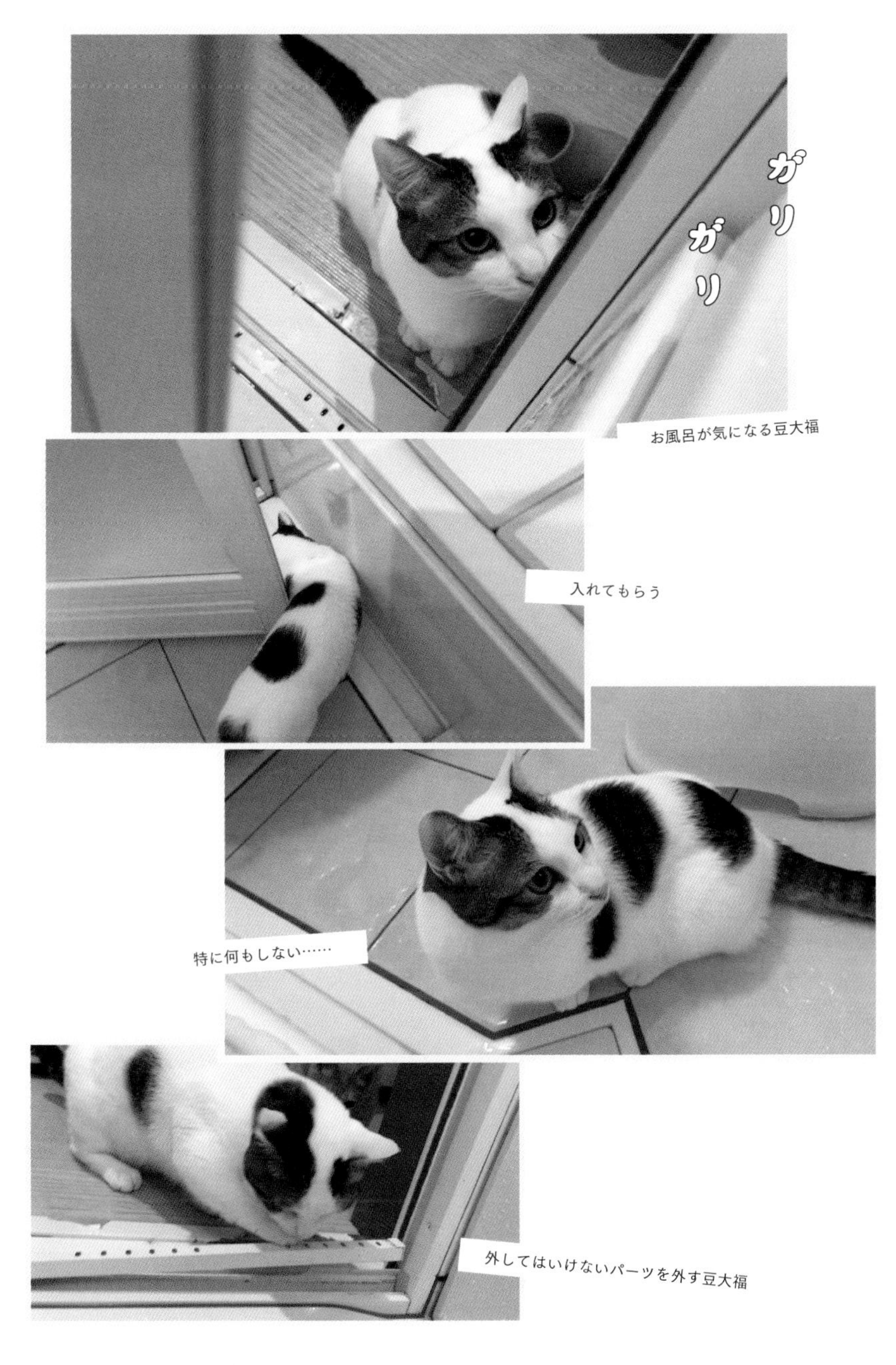

お風呂が気になる豆大福

入れてもらう

特に何もしない……

外してはいけないパーツを外す豆大福

←動画をCheck!

お風呂場が気になるの猫は多いので、事故防止のため浴槽に水をはったままにしないようにしましょう

猫の日常観察

05 全身でリアクションする猫

「日本昔ばなし」で見たことがある、てんこ盛りごはん。猫が見たらどんな反応をするかな？と思って、試してみました。最初に来たのは、ひのきです。「え?:」という感じで二度見、三度見。戸惑いながらも、いつもの定位置に持ってこいとリクエスト。さすが女王様です。でも実際には食べにくかったらしく、「もう一つのお皿にふつうに入れろ」とご指示いただきました。続いての秀吉も「え？　え？　ん?:」というリアクション。でも、ひのきよりも上手に食べ

てんこ盛りごはんVS.猫

ていて、秀吉の器用さを実感しました。
ごはんの食べ方ひとつでも性格のちがいが出るし表情も本当に豊かなので、毎日飽きません。

←動画をCheck!

←冷蔵庫の上で てんこ盛りになる猫たち

猫のコミュニケーションは全身で！

猫マメ知識……水が苦手な猫が多いが、トルコに由来を持つターキッシュバンのなかには泳げる猫もいる

猫の日常観察

06 短くても長くても褒められる猫の足

豆大福
15cm

ひまわり
20cm

ひのき
25cm

我が家の短足男子、マンチカンの秀吉と息子の豆大福。いったいどれくらい長い（短い）のか？　脇のあたりから測ってみました。短足男子は頭やお腹をなでなでするとあんよがピーンっとなるので、その隙に測ります。伸ばしていても短くてかわいいです。まさかの同点、審議、測り直しを経て、豆大福のほうが少し長い？という結果に。

　せっかくなので足長女子たちも測ってみたところ、さすがの長さ。同じように見えて差があることにも驚きました。

　足が短くても長くても、どちらにしても褒められる、うらやましい猫たちなのでした。

猫マメ知識……筋肉や肉球の仕組みにより、猫は自分の足の長さの5、6倍の高さまでジャンプできる

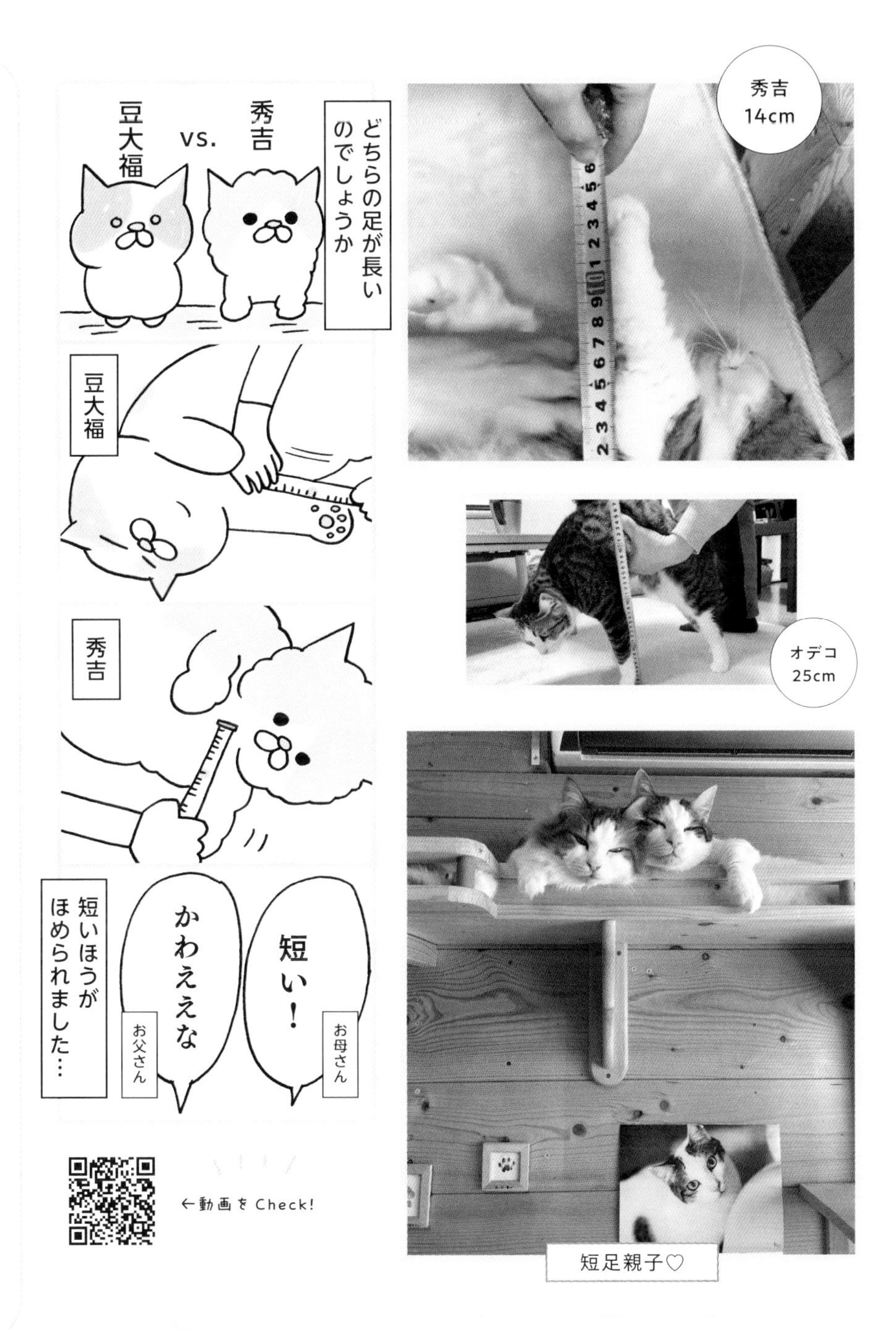

マンナカンは短い足が特徴。元気で甘えん坊の子が多いです

猫の日常観察

07 飼い主を待つ間、猫はどうしてる？

息子の帰りを待つひのき

飼い主がいない間、猫は何をして過ごしているのでしょうか。ある日のひのきを観察してみました。女王様のひのきですが、時々究極に甘えてくることがあるんです。娘に甘え、お父さんに甘え、お母さんに甘え……、でも、なんかちがう。そう、ひのきは息子を待っていたんです。2時間半くらい、玄関をウロウロしながら待っていました。そしてやっと帰宅した息子は、ひのきにかまわず階段へ。その後ろをひのきは健気についていき、息子が食べるタイミングで一緒にごはん。そんなに好きでいてくれるなんて、「ひのきさん、これからもよろしくお願いします！」と思った瞬間でした。

こんなに待っていてくれるなら、すぐに帰りたい……！

猫マメ知識……歌川国芳には、「かつを」など猫で文字を表現した作品がある

息子の後をついていくひのき

←動画をCheck!

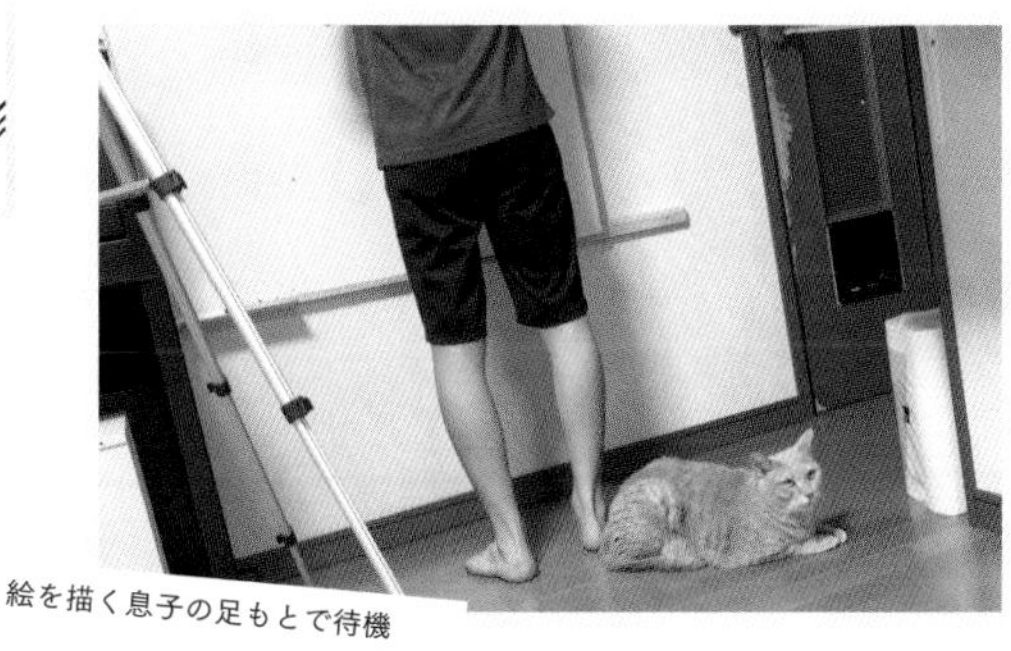
絵を描く息子の足もとで待機

猫の日常観察

08 掃除を見守ってくれる猫

飼い主の活動を見守ってくれるやさしい猫さんたち。お父さんが玄関掃除を始めたら、豆大福が見守りに来てくれました。まとめたゴミの上でローリングしたらどうしよう……という不安がありましたが、控えめにジッと見つめるだけにとどめてくれてた豆大福です。掃除できれいになったことを確認した豆大福、後からやってきたオデコと一緒に、気持ちよさそうにゴロンゴロンとローリング。掃除した後とはいえ、2匹のお風呂行きは決定です。

猫マメ知識……猫には赤色は判別できず、緑色のように見えているのではといわれている

←動画をCheck!

猫はきれい好きです（でも掃除はじゃましがち）

猫の日常観察

09 多頭飼いではみんなに配慮を

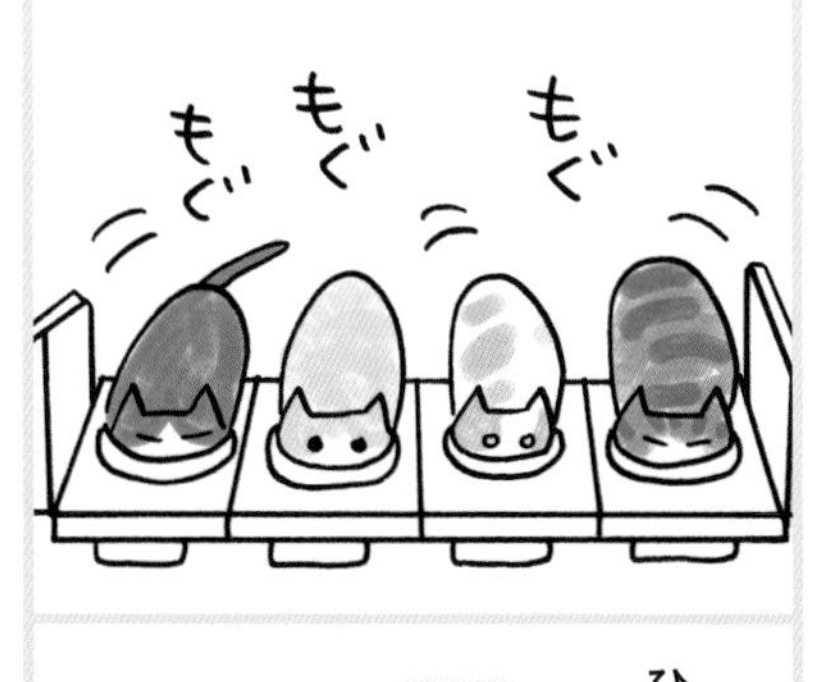

女王様と呼ばれるひのき。その女王っぷりを十分に発揮していただくおやつタイムを試みたことがあります。まず、ひまわり、秀吉、豆大福、オデコは連結したフードスタンドで横並びに。ひのき様は、殿上人のような高い位置で優雅なおやつ。女王らしく庶民を見下ろし、ちょっと残して立ち去りました。

ひのきだけを贔屓して悪いなぁと思うこともありますが、何せひのきは先住猫。どうしても気分よく、おやつを食べてほしいんです。

猫マメ知識……名誉市長を20年間務めた猫がいる。毎夜キャットニップの入ったワイングラスで水をたしなみ、優雅な生活を送っていた

←動画をCheck!

←その後、お父さんがDIYで作った
半個室お食事処でもひのきが
一番上に

先住猫は、猫が増えたことで「愛情が減った」と思うかもしれません。猫が増えるときは、先住猫とだけの特別な時間を作ってあげても

教えて！ ペットシッターさん

＼教えていただいたのは／

Catloaf
山本千枝子さん

質問3

「どんな猫でも喜ぶ、鉄板のおもちゃってありますか？」

王道は猫じゃらし

様々なタイプのおもちゃがありますが、どんな猫でも反応するのはやはり「猫じゃらし」。定番のふわふわがついたタイプや、ヒモの先に虫や鳥がついたものが人気です。

100円ショップのセリアに売っているトンボのついた「じゃれっこ棒」は、我が家の猫たちにも大人気。ヒモ部分がゴムになっているので、じゃれ甲斐があるようです。その子によって好みの動きもあります。ネズミや虫などを真似た動きや、タオルなどの下でゴソゴソ動く獲物のような動きに興味を示してくれることが多いので、どんな動きが好みかを見つけてあげてください。

猫とのコミュニケーションに欠かせないおもちゃですが、誤飲してしまうこともあるので、出かけるときは出しっぱなしにせず、猫が取れない場所にしまっておいてくださいね。

◀P132に続きます

猫のお世話を楽しむ

ごはんの準備にトイレ掃除、ときには爪切り。猫と暮らすうえで、欠かせないのが猫のお世話です。猫の好みを探りながらお世話を楽しみましょう。

猫のお世話を楽しむ

01 各地で勃発？ 猫の爪切り問題

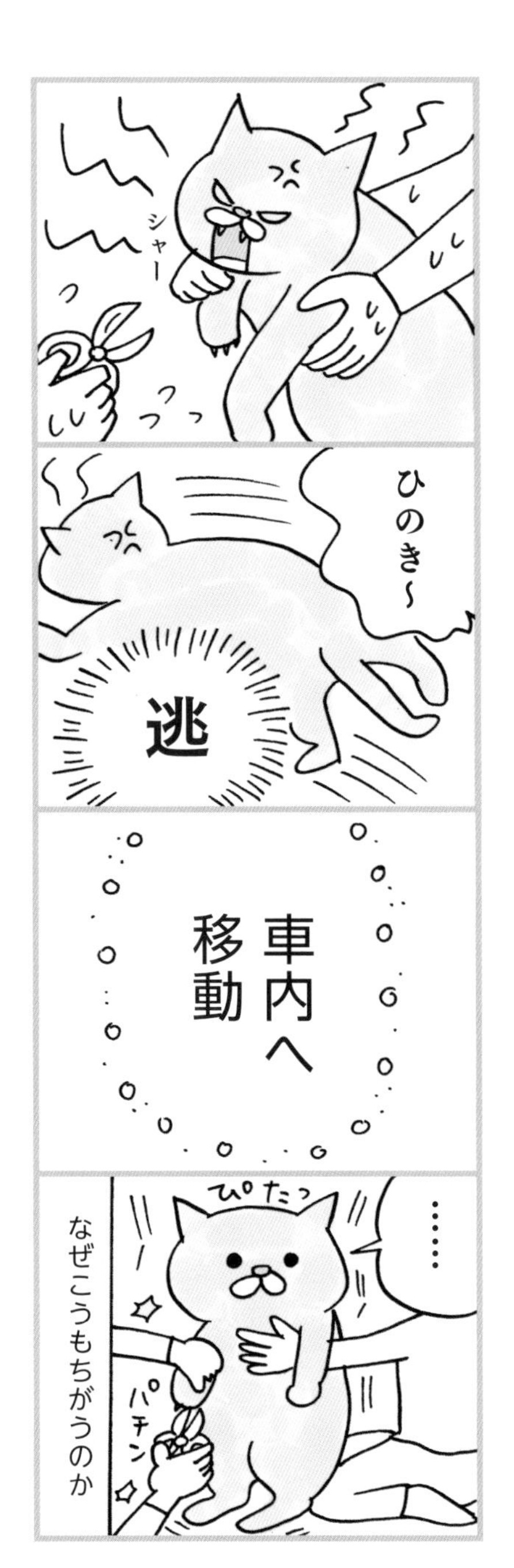

ひのきの爪切り問題については、本当に色々と試してきたなぁと思います。せっかくの別嬪さんやのに、爪切りのたびに般若のような顔になるひのき。秀吉たち4匹も素直に切らせてはくれませんがそこまで困難でもなく、ひのきだけいつも苦労しています。もういっか……とあきらめたこともありますが、顔を洗うとき爪で目を傷付けてしまうのもひのきなので、やらないわにはいかず……。どうにかして、家で切るいい方法ない!? って考えています。

ひのきの爪切りチャレンジ

怒

ケリケリ

ふつうのスタイル……失敗

爪切りをしようとするとブチ切れるひのき

ぶら下げられてみたものの、爪切りは許さないひのき

空気を読めず怒られる豆大福

←動画をCheck!

車内では爪を切らせてくれることを発見！

↑頭に粘着シートを載せると
簡単に爪切りができると聞いてチャレンジ。
おとなしく爪を切られるひまわり
（ひのきは怒）

ネットに入れる、目隠しをするなど様々な方法がある猫の爪切りチャレンジですが、どれも無理！という子もいます。爪とぎを活用する手も

←動画をCheck!

猫マメ知識……猫が体をすり寄せてくるのは、自分のニオイを相手に付け、相手を自分の安心できるニオイにするためといわれている

猫のお世話を楽しむ

02 猫に合った快適トイレライフを

新しいカバートイレを見学するひのき

小さくても自分でトイレに行ける賢いオイロ

猫の数が増えたとき、トイレの数を増やすと同時にカバートイレを導入しました。というのは、ちょっと不器用なところがあるひまわり母さんが、一生懸命猫砂をかけようとするあまり散らかしてしまうという問題があったんです。そんなひまわりも、カバートイレを使うときはまったく散らかさないようになりました。

我が家の猫のトイレスタイルにはそれぞれ個性があって、秀吉はトイレに行くたびにカキカキほりほりをします。

かりん糖に猫は？

※かりん糖です

※かりん糖です

ある日、お父さんが「秀吉がカキカキをしていない」と気づきました。気になってトイレに行くけれど出ていないのでは？　ということで病院に行ったところ、尿路結石の診断。しばらく投薬と食事療法をすることになりました。まさかのカキカキほりほり癖のおかげで、病気を早期発見することができて良かったです。

猫のウ○コに
似た
かりん糖を置いて
みました

オデコ
ぷい

豆大福
へー
くんくん

秀吉は
驚きの行動に出る!?

←動画をCheck!

猫マメ知識……猫が何かニオイをかいだ後、ぽかんと口を開ける仕草をフレーメン反応という。この反応は他の哺乳類も見せる

トイレにはオーソドックスな箱型の他、専用の猫砂を使うシステムトイレや全自動トイレもあります。猫の好みにあったものを使いましょう

猫のお世話を楽しむ

03 換毛期にはブラッシング行列が？

ブラッシングがちょっと苦手な豆大福。でも、この日はおとなしくさせてくれました。換毛期だったので、ふだんは嫌いでもしてほしくなったのでしょうか？　豆大福と秀吉をブラッシングしている間、ブラッシングが大好きなオデコが「ちょっと？　お母さん？　オデコのこと見えてる？」みたいにウロウロしながらアピールしてきてかわいかったです。

換毛期限定ですが、「猫の行列ができる床屋さん」になれました。

ブラッシング待ち行列

ブラッシング中の豆大福

ブラッシング中の秀吉

誰が一番多く抜けるか選手権

←動画をCheck!

←ブラッシングすると
ベロが顔を出してくる
ひまわり

換毛期は3月頃からはじまります。
毛球症（もうきゅうしょう）の予防
のためにも、まめにブラッシングを
してあげましょう

おやつコミュニケーション

かわいくても あげすぎ注意

おやつは、時々気まぐれであげています。健康を考えて毎日ではなく、ダイエット中の豆大福が近くにいないとき、袋の音がバレないようルンバ中にあげるなど気をつけています（短足親子は聴覚・嗅覚が優秀）。

この日はルンバ中、ひまちゃんがずーっとお母さんに付いてきてくれました。リビングにいたひのきも一緒に付いてきたのに、途中で「はいはい、もうええから」って冷めた感じで椅子に座ったのも女王様のひのきらしいです。

ひまちゃんは洗濯物を干して帰ってくるのを待っていてくれることもあり、キュンとさせられる毎日。気をたしかに持っておかないと、

おやつの配給を待つひのきたち

この日は珍しくみんなでおやつ

お母さん

なんぼでもおやつをあげてしまいそうになるお母さんです。

←動画をCheck!

クセになってしまうので、おやつは毎日与えずに！

猫マメ知識……猫種のスフィンクスはカナダで発見され、1980年にTICA（血統書を発行する機関のひとつ）に新しい猫種と認定された

猫のお世話を楽しむ

05 人の出入り時の脱走に注意

子どもたちが学校へ出かける朝、子猫時代のひのきはいつも扉の前でスタンバイしていました。居座るひのきを、息子はいつも巧妙な技で切り抜けますが、娘は苦戦していました。

その後ひのきは、出かける息子を彼氏のようにそっと見送るように。代わりに豆大福や秀吉がウロウロするようになり、成長した息子にやっぱり巧妙にかわされています。

毎朝の玄関での攻防戦は、猫と家族の成長記録にもなっています。

玄関での攻防戦

玄関ドアの前に居座る子猫時代のひのき

豆大福もがんばる

なかなか出られない娘

運ばれる豆大福

息子が出かけたドアを見つめるひのき

←動画をCheck!

←動画をCheck!

猫の脱走防止には、市販品もしくはDIYでパーティションの設置もおすすめです

06 抜け毛対策の掃除機。猫の反応は

猫さんたちは毎日毛が抜けます。猫さんが抜け毛を飲み込むのを防ぐため、こまめなお掃除が必要です。

我が家でもルンバの他コードレス掃除機、ペット用のグルーミング機、粘着シートなどで飛び散る猫毛対策をしていますが、猫によって反応はちがいます。ひのき姉さんが子猫の頃から掃除機を敵視していたので、猫はみんな掃除機が苦手なのかと思っていたのですが、そんなことはありませんでした。

動画をCheck!→

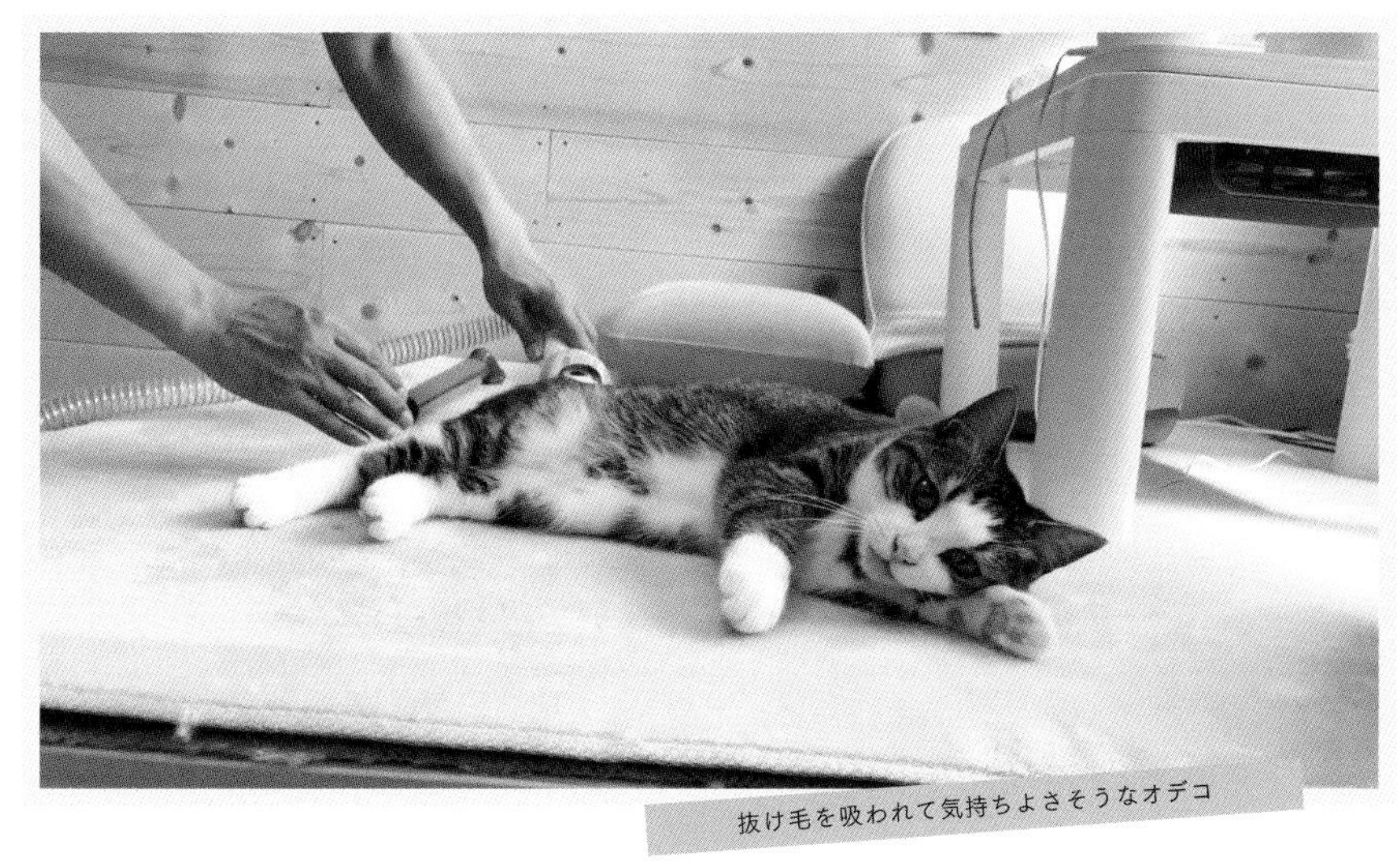
抜け毛を吸われて気持ちよさそうなオデコ

秀吉は掃除機に吸われても平気。ルンバに乗るひまわりと豆大福は、なぜか掃除機には近づきません。そしてオデコは、ブラッシング～掃除機～粘着シートで抜け毛ケアをしてもらうのが大好き。ゴロゴロ音が鳴り止まず、とっても気持ちよさそうにしています。

ただ、さすがに顔はできないので、そこはひまわり母さんのペロペロお世話にお任せです。

←動画をCheck!

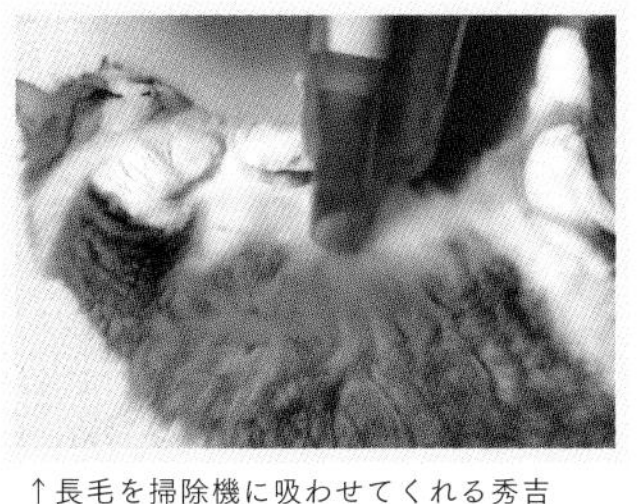
↑長毛を掃除機に吸わせてくれる秀吉

↑掃除機のホースに猫パンチするひのき

抜けた毛をまとめて取れるペットブラシもあります

猫のお世話を楽しむ

07 お風呂で洗いたい飼い主 vs. 猫

豆大福が玄関でゴロゴロして汚れたり、ひまわりのフケが気になったりしたときなど、お風呂で洗うことがあります。はじめに濡らして猫用シャンプーでやさしく洗うのですが、豆大福とオデコはその間よく鳴くのでこちらは焦ります。流すときとタオルで拭かれるときに嫌がるのは、５匹共通です。

４年ぶりのひのきのお風呂は、相当な猫パンチも覚悟しての挑戦。でも、しっぽは上がったり下がったりしていたものの、予想外におとなしく洗われてくれたひのき様。濡れたことで小さくなって、先の折れ曲がったしっぽが目立っていたのが印象的でした。

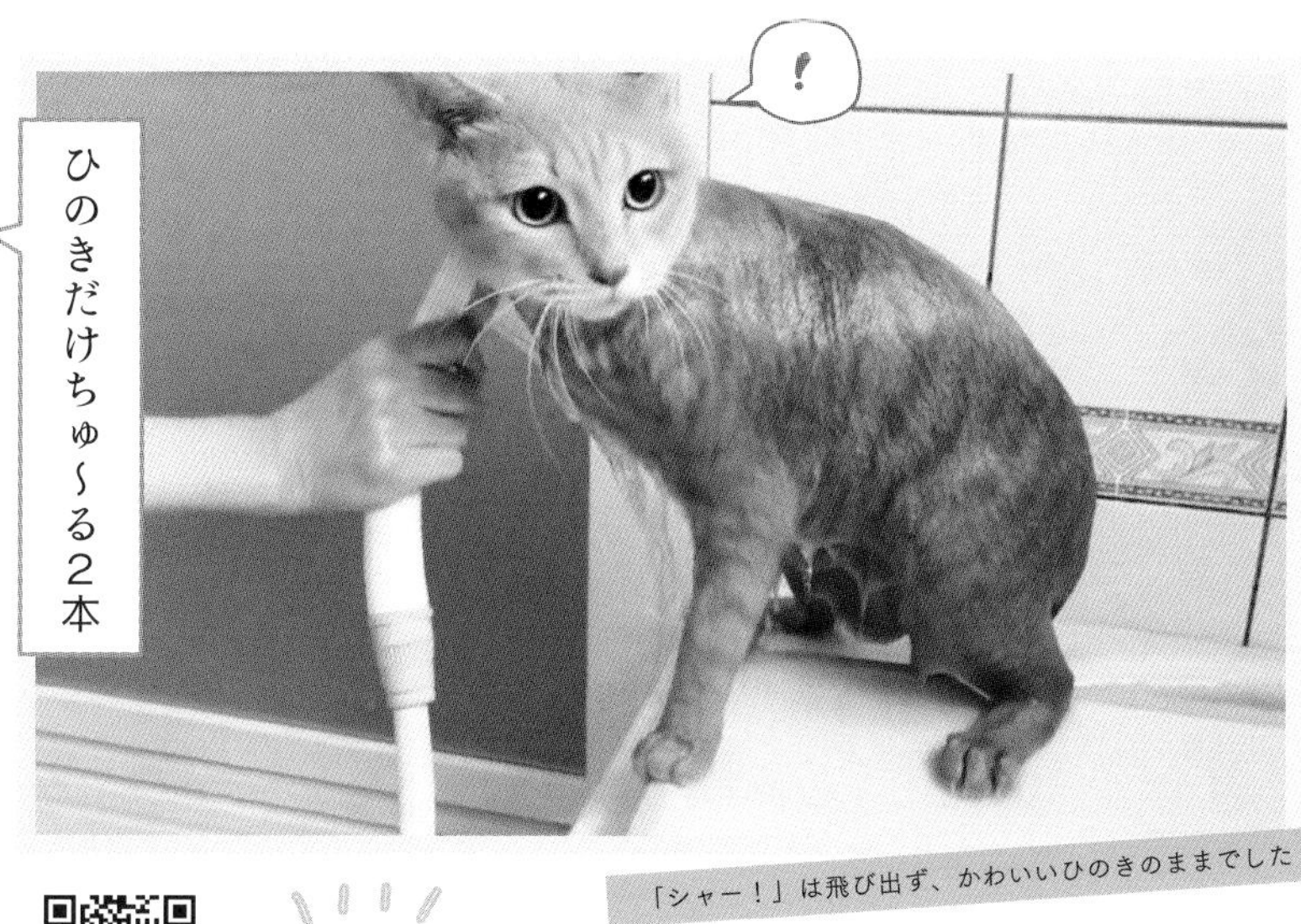

「シャー！」は飛び出ず、かわいいひのきのままでした

←動画をCheck!

↑子猫時代のひのきのお風呂タイム

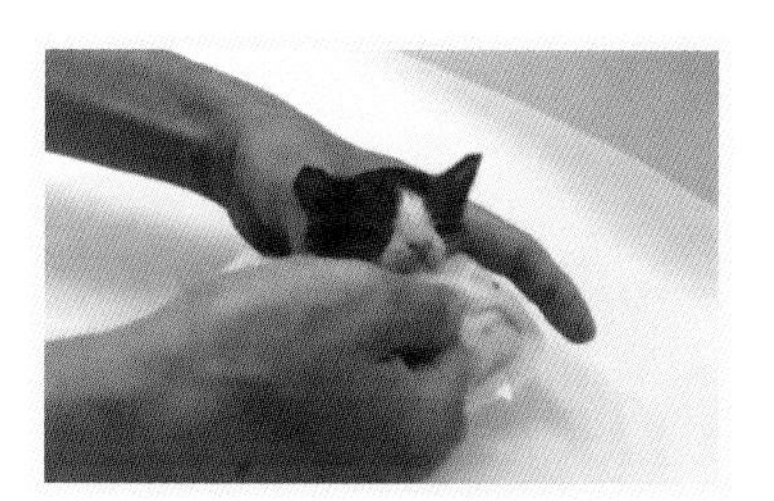

↑子猫時代のひまわりのお風呂タイム

↑秀吉は自らドライヤーハウスへ

↑お風呂をがんばったごほうび

無理にお風呂に入れる必要はありません。洗うときは驚かせないようお尻のほうから

猫のお世話を楽しむ

08 ダイエット・健康管理に体重測定

我が家の猫さんたちの体重は、現在豆大福↓ひのき↓オデコ↓ひまわり↓秀吉の順に重いです。そして一時期全員、ややぽっちゃりしてしまいました。原因は自動餌やり器による食べすぎかも？　ということで、それまでの手動な感じのごはんタイムに戻して1～2カ月後、全員の体重測定。ひまわりは呼んだら来てくれるし、ひのきは抱っこで計測と、みんな協力してくれました。そして結果は、一番ダイエットの必要がある豆大福の体重だけが横ばい

ダイエットの必要がなくても、日頃の状態を知るために定期的な体重測定を

……？

豆大福はこれまで運動（いっぱい遊ぶ）ダイエットも試みたものの、あまり変わらず。めちゃくちゃ太っているわけではないし、今の体形もかわいいのですが、健康を考えてこれからも腹肉の注視を続けようと思います。

素直に体重を測らせてくれる豆大福と秀吉

体重計の上で寝るzzz

抱っこで一緒に体重測定（この後「シャー」）

←動画をCheck!

猫マメ知識……ほとんどの子猫の目の色は「キトンブルー（kitten=子猫）」と呼ばれる青色で、成長していくとイエローやゴールド等に変化する

猫のお世話を楽しむ

09 夏の暑さ対策。

長毛さんはサマーカットも？

最近の夏の暑さは、家の中で過ごす猫さんたちも心配になるレベル。というわけで、長毛猫の秀吉をサマーカットにさせてもらいました。

これまではおやつ三昧で機嫌をとりながら刈らせてもらっていたんですが、今回は掃除機が一体化したバリカンに、6ミリのアタッチメントを付けて使用。なでるだけでスルスルと毛を短くできるので、そんなに嫌がらずにやらせてくれました。

モフモフからモコモコになって、動きが機敏になったような秀吉。ちょっとちっちゃくなった秀吉に、豆大福が「どしたん？」とニオイを嗅ぎに行っていたのも面白かったです。

←動画をCheck!

サマーカットでモコモコの小ライオンになった秀吉

↑バリカンでカット中

動画をCheck!→

↑カットした毛がどんどん溜まる

トリミングは必ずするものではないですが、長毛の猫さんは暑さ対策に検討してみても

教えて！
ペットシッターさん

質問4

「多頭飼いが良いと聞くけど、どうして？
2匹目を迎えるとき仲良くさせるコツはありますか？」

＼教えていただいたのは／

Catloaf
山本千枝子さん

体調の変化に気づきやすい

多頭飼いをおすすめするのは、留守番のときに猫が退屈しないということもありますが、体調の変化に気づきやすくなるという理由もあります。1匹が熱っぽいと思ったときにもう1匹と比較できたり、食欲の変化なども気づきやすいです。

新入り猫を迎えるときは、最初は部屋を分けたりケージを利用したりして、それぞれの安全基地を確保してあげることが大切です。徐々にお互いの存在を意識してもらうようにするとうまくいきやすいです。お互いの体を拭いたタオルでくるんでニオイを交換し、慣れさせてから対面させることも良いと言われています。また、猫同士でも歳の近いほうが仲良くなりやすい傾向があると感じます。

どうしても気が合わない場合は、部屋を分けるなど、お互いのストレスにならないようにそれぞれの猫にテリトリーを与えてあげるといいでしょう。

猫は不思議の塊

こちらの気持ちがわかっているような気もするし、空気を読まないことが魅力でもあります。こだわりが強く、時々面白い行動をとってくれる猫との暮らしには、不思議がいっぱい。

猫は不思議の塊

01 レアなポーズ？猫のシンクロ

複数の猫が同じポーズをする「シンクロ」、仲の良さが伝わってきてかわいいですよね。我が家には5匹の猫がいますが、思ったほどシンクロが見られるわけではありません。その分見られたときは、うれしくて釘付けに♡　ちょっとのちがいを観察してしまいます。

ふだんはトリオで行動していることが多い豆大福・秀吉・オデコ。でも、ひまわりとオデコでシンクロしていることもあるんです。親子でシンクロしていたり、同じものをペロペロしていたりするのを見かけると、「好みが同じなのかな？　仲良し親子に間違いない」と思ってうれしくなりました。

多頭飼いでもシンクロしてくれるとは限りません！

シンクロするひまわり＋オデコ（＋秀吉）

←動画をCheck!

同じポーズで寝る子猫たち

↑動画をCheck!

猫は不思議の塊

02 聞こえないけど甘えてる？ サイレントニャー

同じように育てているつもりでも、甘えん坊になる猫とそうでもない猫がいます。オデコは子猫の頃から、ニャーニャーとかわいくアピールするのが上手でした。ニャウニャウ言いながら追いかけてきてはスリスリしてきたり、近寄っただけでゴロゴロ喉が鳴り出したり。自ら抱っこをせがんでくるのもオデコだけです。甘え上手のオデコはときにはサイレントニャーも出してくれるので、こちらはすっかりデレデレしてしまいます。

猫の鎖骨は非常に小さいため、狭いすき間も通り抜けられる

↑動画をCheck!

オデコのサイレントニャー

ニャーから足もとにゴロンの甘えテクニック

抱っこも好きなオデコ

←動画をCheck!

人間には聞こえないけれど発声しており、子猫が母猫に甘えるときに使われるというサイレントニャー。見つめながら出されたらメロメロになってしまいますね

猫は
不思議の塊

03 猫語はある？ 翻訳してみた

足を拭かれたくないひのき

↑動画をCheck!

一方、拭かれるがままの豆大福

「猫の言葉を理解したい」という気持ちは、皆さん持っているのではないでしょうか。

猫はそれぞれ性格がちがいます。足を拭くとき、豆大福は若干嫌がるものの素直に拭かせてくれます。秀吉一家はみんなそんな感じで、問題はひのき姉さん。拭かれている間、「ヴ〜〜〜〜〜」となって怒りっぱなしです。途中、「○▽%#□&○%◎△$♪×¥&#?!」みたいにわけがわからなくなってしまうので、これをスマホアプリの「にゃんトーク」で翻訳してみました。

表示されたのは「向こうに行って！」。翻訳しなくてもわかっていたひのきの気持ちでしたが、ドンピシャすぎて笑ってしまいました。

別の日にオデコの「ニャ〜」を翻訳したら、そのときは「幸せ」って言ってくれてたんです。ひのきの翻訳も面白かったけど、そんな鳴き声もたくさん集めたいです。

動物に人間の言葉を理解させるのではなく、動物間で使っている言語を研究する「動物言語学」は近年スタート。いつか、猫の気持ちがよりわかる日が来るかも？

猫マメ知識……猫同士で鼻と鼻をくっつけ合うあいさつは、お互いをよく知っている親しい猫同士しかしない

猫は不思議の塊

04
なんでそこ？
でもお気に入り

狭い…

抱っこ♡

「なんでここに？」というところに猫がいることがあります。ある日、キッチンの丸椅子の上に乗っていたひまわり。そこになぜかオデコも乗ってきました。あきらかに狭すぎるのに、そんなオデコをペロペロするやさしいひまわり。もう、オデコを見るとお世話せずにはいられないんですね。そしてこの日はオデコもお返しのペロペロ。なんでこんな狭いところで仲良しアピール？　という謎は残りますが、かわいいからそこはもうどうでもいいですね。

動画をCheck!→

猫マメ知識……

猫は起きている時間の約半分を毛づくろいに費やすともいわれる。毛づくろいにはノミ対策など様々な効果がある

狭い丸椅子に乗るオデコとひまわり

狭くてもお互いに毛づくろい

お昼寝していた子猫時代のひのき。なんでそこ？

猫は狭いところが大好きです

猫は不思議の塊

05 猫が猫に怒られるとき……

ひのき姉さんによく怒られてしまう秀吉。その理由を考えてみました。

ある日、秀吉が豆大福に乗っかっているところを目にしました。首根っこを噛みつかれても、毎度数十秒くらい受け入れてくれる豆大福。

その豆大福はひのきに、意地悪?をすることがあります。そして、ひのきは秀吉に「シャーッ」。結局巡り巡って、自分に返ってきてるのかな? 「因果応報」という言葉が浮かんだお母さんたちでした。

猫のケンカは止めなくていいものが多いですが、相性がよくない場合は部屋を分けたり、避難できる場所を用意したりしましょう

猫は「罰」を人間のようには理解できないので、飼い主が望んでいる行動をした際には称賛し、ごほうびを与えてあげるとよい

秀吉(怒)→豆大福

豆大福(怒)→ひのき

ひのき(怒)→秀吉

←動画をCheck!

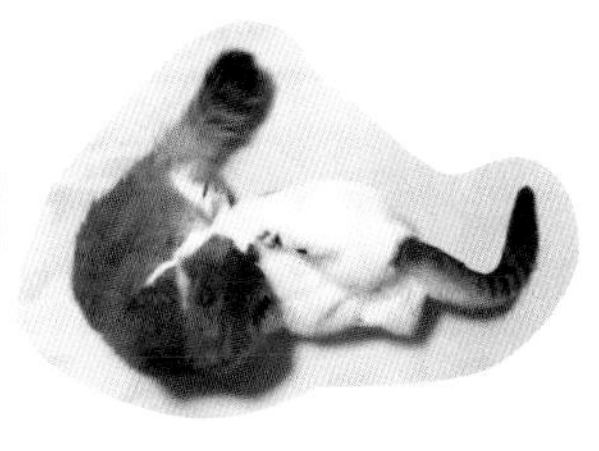

秀吉vs.豆大福

平和な短足同士のケンカ

猫は不思議の塊

06 よくニオイを嗅ぐ。臭さも数倍？

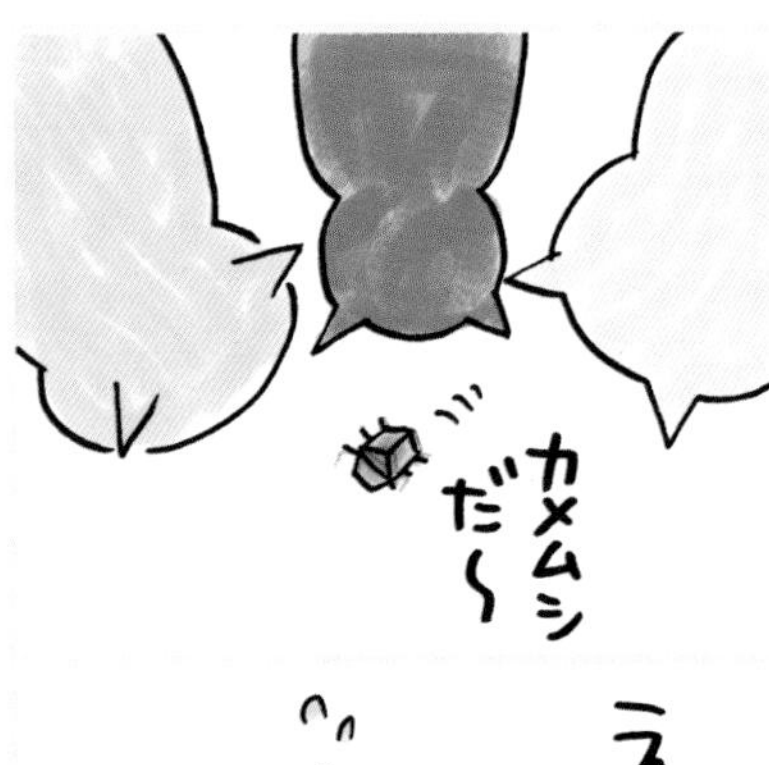

視覚よりも嗅覚のほうが優れている猫は、よくニオイを嗅ぎます。そして、飛んでいる虫を追いかけるのも好き。その習性により、悲劇が起きてしまいました。

パジャマに付いて家に入ってしまったカメムシを、ひまわりが攻撃。そしてその後、自分の手についたニオイに気づいたひまわり……。それを見たせいか、ひのきはカメムシを追いかけるものの、叩いたりすることはなく。最後はお父さんが野に放ちました。

阿蘇山の根子岳（ねこだけ）には、猫が修行をする場所という伝説がある

←動画をCheck!

猫はよく別の猫のお尻のニオイも嗅ぎますね

猫は不思議の塊

07 家猫の野生はどこへ

子猫時代のひまわりと秀吉

ひまわりは、我が家で唯一の保護猫です。外猫経験があるひまわりは、家に来た当初あまり甘えてくれませんでした。同時期に来た秀吉とず〜っと一緒にいて、高いところから降りられないときに頼ってくれることはありましたが、なかなか心を許してくれてないなぁ……と感じる子猫時代でした。

そんなひまわりが出産し、お母さんをすごく頼ってくれ、甘えてくれるようになりました。4歳になる頃には寝る姿も大胆に。ここは大丈夫だと、やっとこさ認めてくれたんでしょうか？　より野生を忘れて甘えてくれるように、がんばりたいと思います。

野生とは？？

最初はテーブル下限定でお腹を出して寝るように

←動画をCheck!

警戒心がつよい子はなかなか甘えてくれないこともあります。無理せず安心できる環境を

救急編

教えて！獣医さん

＼教えていただいたのは／

TRVA動物医療センター
喜多川麻美先生

TRVA動物医療センターで夜間救急に従事している獣医師。日本大学卒業後、東京都の動物病院で7年間勤務後、救急の世界に飛び込み現在5年目。自宅ではともに保護猫のうーちゃん（左：8歳オス）、ぴっちゃん（右：5歳メス）と生活している。

愛猫が心配！どんなトラブルがあるか聞きました。

質問1

猫が救急で運ばれてくる原因で、多いものは何ですか？

誤飲・誤食や呼吸困難が多い

多いのは、異物誤食、呼吸が苦しい、腰砕け、嘔吐、下痢、排泄ができないなどです。

呼吸が苦しいのは「肺水腫」といって、心筋症などが原因で肺に水が溜まってしまっていたり、腰砕けの症状も、心臓に血のかたまり（血栓）ができ、それが血管に流れて後ろ足の動脈が詰まってしまうことで起きている状態であることも。このような症状が出てから初めて、心臓が悪いことを知る飼い主さんもいるので、日頃から定期検診を受けるなど、通院習慣をつけておくことが大事です。

嘔吐は単に毛玉を吐いている場合と、胃腸炎、誤食の他、肝臓や膵臓の病気を発症している場合がありま す。ですから電話で問い合わせがあったときは、その猫が元気か、何か誤食したかなどを聞いてから、救急性があるか判断しています。

TRVA 動物医療センター

東京都世田谷区深沢8-19-12-2F
03-5760-1212（夜間救急）
03-5760-1211（2次診療）
https://trva.jp/

質問２

どういうとき、救急病院に連れていくべき？

嘔吐の場合は状況をみて

嘔吐の場合は、吐いた回数や状況によります。1回吐いてその後が元気そうであれば、翌日にかかりつけ医に行くのでも問題ないですが、何か誤飲したときや胃液をずっと吐き続けているようなときは、救急病院に連絡してみてください。

子猫の下痢は、ぐったりしてしまうこともあるので、すぐに連れてきていただきたいです。脱水症状を起こしていることもありますし、寄生虫が原因であった場合、家の他の猫にうつってしまうこともあるからです。

あとは肩で呼吸していて、眠れないぐらい苦しんでいるときは、すぐに救急病院に行ってください。

\ 教えていただいたのは /

TRVA動物医療センター
喜多川麻美先生

質問3

誤飲・誤食しがちなモノはありますか？どんなものに気をつけたらいい？

ヒモは危険！ ヘアゴムにも注意

一番多いのはおもちゃ類の誤食です。特に、小さなネズミのおもちゃなどは食べてしまう猫が多いので、遊んだら必ずしまってください。あとはヒモ類、最近は特にマスクのヒモの誤食が多いです。繋がっているからと安心せず、出しっぱなしにしないことが大事です。ヒモ類で特に気をつけたいのが30cm以上のものです。腸に絡まってしまったり、穴を開けてしまうこともあります。

輪ゴムやヘアゴムは、1つで症状を出すことはあまりないのですが、実は気がつかないうちにたくさん食べて腸を詰まらせてしまい、開腹手術をしたら大きな塊になって出てきた、ということもあります。

またハンドクリームや化粧水などが好きで舐めてしまう猫もいるので注意してください。

質問4

愛猫が救急病院にかからないために気をつけることは？

日頃のケアと備えが大事

まずは、かかりつけ医を見つけて定期検診に行くことが重要です。若いうちは1年に1回、高齢になったら半年に1回は行きたいところ。特に純血の猫は雑種猫に比べて心臓病を持っている確率が高いので必ず行きましょう。

人間の病院のように診療科目は分かれていないのですが、内科・外科どちらが得意なのかホームページなどを見て、その猫に合う病院を見つけてあげてください。

救急病院には来ないに越したことはないですが、万が一のためにどこに救急病院があって、どうやって受診すればよいのかをシミュレーションしておくと安心です。その際、地元で探すことが大事。当院にもパニックになった飼い主さんからの問い合わせが来ますが、話を聞くと来院できないほど遠方のこともあり、事前リサーチの重要性を感じます。

参考文献

『はじめてでも安心！　幸せに暮らす猫の飼い方』山本宗伸監修／ナツメ社

［日経BPムック］『ネコ全史　君たちはなぜそんなに愛されるのか』
ナショナル ジオグラフィック別冊／日経BPマーケティング

『獣医にゃんとすの猫をもっと幸せにする「げぼく」の教科書』
獣医にゃんとす監修・オキエイコイラスト／二見書房

『猫柄図鑑』山根明弘監修／日本文芸社

『ねこはすごい』山根明弘著／朝日新聞出版

『猫を描く－古今東西、画家たちの猫愛の物語』多胡吉郎著／現代書館

『猫脳がわかる！（文春新書）』今泉忠明著／文藝春秋

『世界の猫の民話』日本民話の会著／三弥井書店

『猫が30歳まで生きる日－治せなかった病気に打ち克つタンパク質「AIM」の発見』
宮崎徹著／時事通信社

猫用語辞典

SNSでかわいい猫のポーズが見たい＆投稿したい！
という方のために、人気の猫タグを集めました。

Instagramでのハッシュタグ投稿数（2023年）

#ごめん寝

6.9m

【意味・用法】前足に顔をうずめ、まるで謝っているかのように寝ているポーズのこと。まぶしいからと言われているが、その理由は猫のみぞ知る

#ヘソ天

19.5m

【意味・用法】ヘソの天ぷらではなく、お腹を上に向け伸び切った、警戒心が“無”の姿。夏場によく見られる。「ヘソ天の猫が落ちている」などともいう

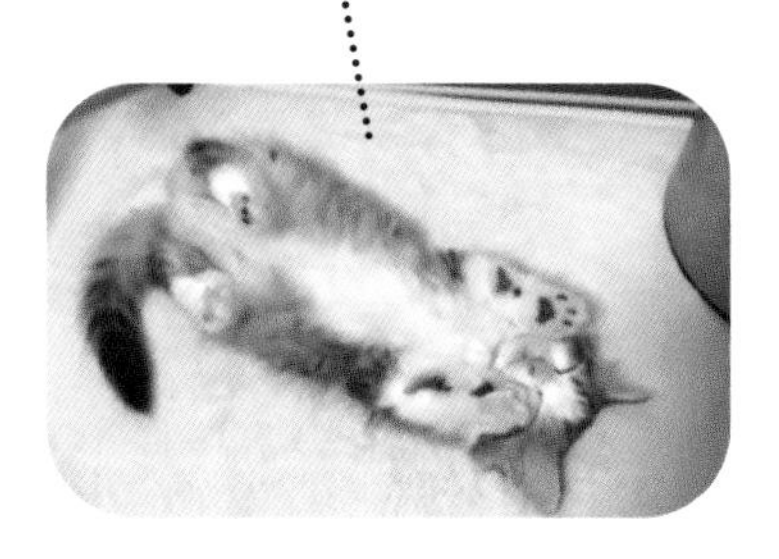

#ニャルソック

17.6m

【意味・用法】窓などから外を眺めている姿。たまに鳥などを見つけると「カカッ」と警報を鳴らすことから、警備の一環と思われている

#ニャンモナイト

4.3m

【意味・用法】アンモナイトのごとく、丸まったポーズのこと。「#アンモニャイト」と呼ぶ場合もある。真上から見るのが正しい観賞法

#クリームパン祭

1.8m

【意味・用法】猫の手がクリームパンに見えることから祭に発展。２個セットで販売され、黒猫によるチョコクリームパンなどバリエーションも多い

#スフィンクス座り

2833

【意味・用法】スフィンクスのように前足を伸ばして座るポーズ。「座っているけどいつでも立てるよ」という状態らしい

#イカ耳 6.1m

【意味・用法】怒っている、警戒しているとき、猫の耳はイカになる。イカだけどかわいいのが猫

#やんのかステップ 4333

【意味・用法】「おまえ、やんのか～！」と毛を逆立てしっぽをふくらませ、敵に挑んでいく勇ましい様子。猫にとっては一大事だがかわいい

#猫団子 4.3m

【意味・用法】冬場、多頭飼いの家で見られる幸せの風景。重なったり、お尻同士をくっつけたり、様々なタイプの団子となる

#猫神様 1.7m

【意味・用法】冷蔵庫やキャットタワーの頂上など、高いところから下界を見下ろす猫様のこと。また、神社やお寺にいる猫を指すこともある

#フレーメン 3633

【意味・用法】正式には「フレーメン反応」といって、ニオイを嗅いだときに起きる生理現象。口をぽかーんと開けた姿がユーモラス

#猫は液体 1.5m

【意味・用法】なぜここに入れるのだろう……と思われる場所にぴったり収まるのが猫。ガラスボウルやプラケースなど透明なものに入ると液体らしさが増す

おわりに

ひのき家の、お父さんです。

ひのきと出会ったきっかけは、お父さんの怪我でした。仕事中に建物の4階から転落し、療養していたところ、「かわいい子猫が生まれた」との情報が入ってきました。もし、怪我をしていなかったらひのきとは出会えていなかったと思うと、なにか運命的なものを感じます（笑）。

ひのき家は、猫たちが中心。家族5匹と4人の日々の様子をほぼ毎日YouTubeにアップしているので、これからもよろしくお願いします。

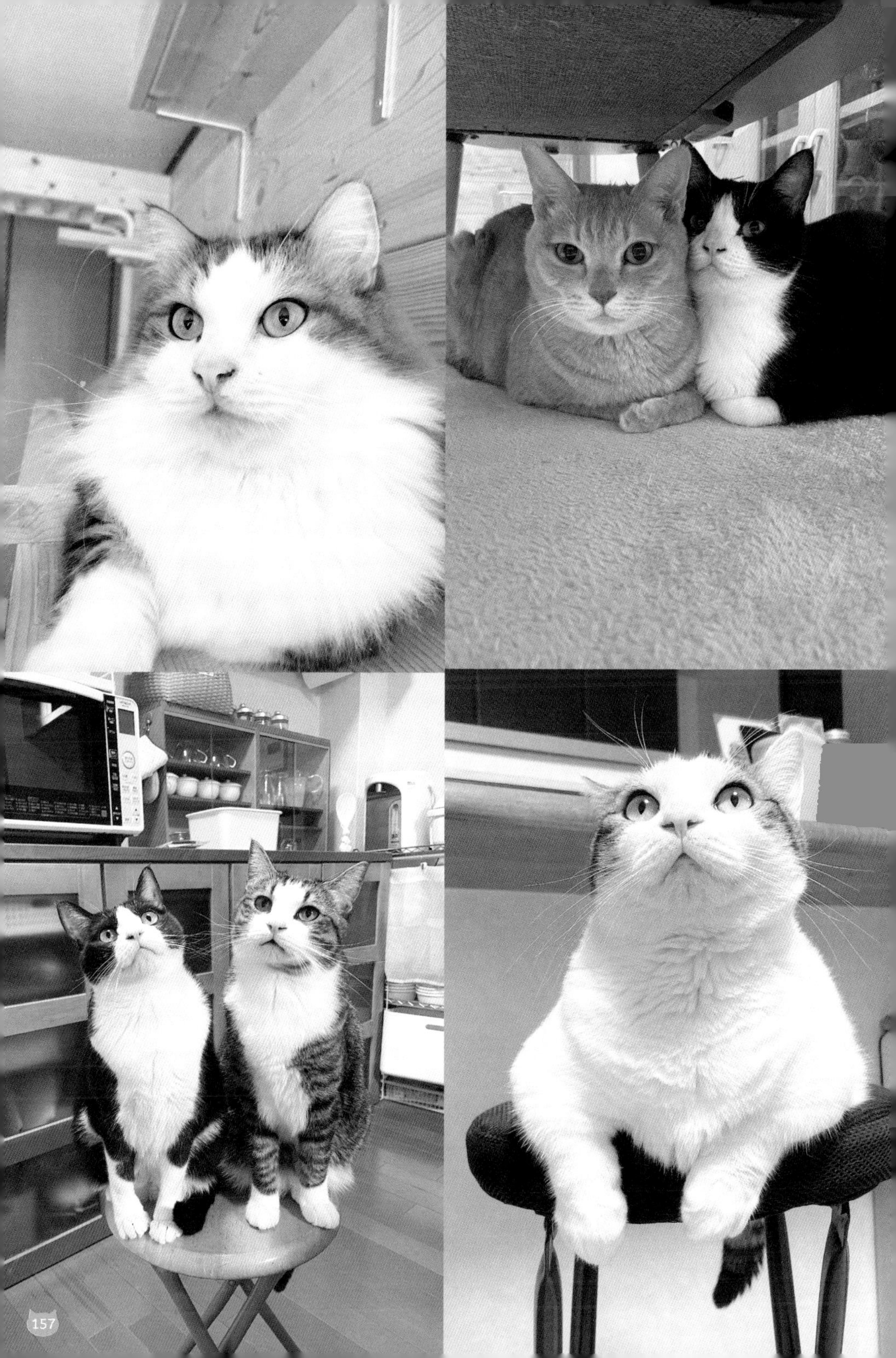

監修：ひのき猫

2017年4月に「ひのき」が家族になったことをきっかけに成長記録として YouTube配信を開始。同じ年に「ひまわり」「秀吉」が加わり、翌年には秀吉とひまわりの子「オデコ」「豆大福」が誕生し賑やかに。猫が大好きな息子とピアノをがんばる娘、ひのきに気に入られているお父さんとこっそりひのきにおやつをあげてしまうお母さん＋ひのき＋ひまわり＋秀吉＋オデコ＋豆大福の4人5匹。毎日どこかで何かが起こるひのき家です。

YouTube：「ひのき猫」

BLOG「鍵しっぽのひのき日記」

Instagram

X

STAFF：

編集・執筆・ブックデザイン	樋口かおる（こねこのて）
マンガ	逸見チエコ
撮影	工藤真衣子
インタビュー取材＆文	橘川麻実
Special Thanks	山本宗伸先生（Tokyo Cat Specialists院長） 喜多川麻美先生（TRVA動物医療センター） 山本千枝子さん（Catloaf）

猫と暮らす
動物系YouTuberが教える猫の飼い方・過ごし方

2023年10月31日　初版第1刷発行

監　修　ひのき猫
発行者　角竹輝紀
発行所　株式会社マイナビ出版
〒101-0003
東京都千代田区一ツ橋2-6-3 一ツ橋ビル2F
電　話　0480-38-6872（注文専用ダイヤル）
03-3556-2731（販売部）
03-3556-2735（編集部）
URL　http://book.mynavi.jp

印刷・製本　中央精版印刷株式会社

※価格はカバーに記載してあります。
※落丁本・乱丁本についてのお問い合わせは、TEL0480-38-6872（注文専用ダイヤル）か、電子メールsas@mynavi.jpまでお願いいたします。
※本書について質問等がございましたら、往復はがきまたは返信切手、返信用封筒を同封のうえ、（株）マイナビ出版事業本部編集第2部書籍編集1課までお送りください。
お電話でのご質問は受け付けておりません。

ISBN978-4-8399-8382-6

Printed in Japan